純天然手工香皂

三悅文化圖書事業有限公司

獻給本書讀者

你喜歡肥皂嗎?

如果你很喜歡肥皂，不斷尋找品質良好的肥皂，請務必了解使用手工製肥皂的最佳舒適性。

在我前一本書『洗澡的樂趣』中，曾介紹在自家廚房製作手工肥皂的幾種作法，後來收到許多讀者來函，讓我感到非常訝異，竟然有這麼多人對製作肥皂感興趣。

有一位老奶奶開心的告訴我：「我一直為皮膚乾燥而發癢的小孫子煩惱，但自從開始用我親手製作的肥皂後，就不再搔癢，情緒也好多了。」

還有一位媽媽，一直認為長了一頭鳥巢般頭髮的兩歲女兒是天生髮質使然，但用過親手做的肥皂後完全改觀，她告訴我說，「真沒想到女兒的頭髮變得柔順後，我會感到如此幸福！」

其實並非「品質好的東西就有效」而已，更要有「健康又有活力」的想法，在轉換為「製作」的過程中，也能產出所謂治癒的力量。

我收過不少這類的來信，表示自己從未想過是肥皂的問題，可是自從因感覺有趣而開始製作後，不論是在製作或使用時，心都會砰砰跳，整個人感到飄飄然、快樂無比，每天的心情都很好。沒想到從最小的12歲到80歲，不分老幼都喜歡自己製作肥皂，確實讓我又驚又喜。

誠如眾多來信中所提到，在自家廚房製作肥皂真的有很多樂趣。

首先是準備材料階段的樂趣。

所做的事情有意想不到的簡單，但心情卻像是首次學做菜或做點心般興奮。看到平時再熟悉不過的油，在容器中變成卡士達醬般戲劇化的變身，真讓人覺得不可思議！

然後是等待肥皂熟成時的樂趣。

觀看肥皂每天表情的變化，宛如培育一盆重要植物般的感覺。如果是製作香味的肥皂，整個房間會瀰漫著一股精油的香氣。在等待肥皂完成中，宛如在大自然中做芳香浴。

最後，終於體會到使用時的樂趣。

小心翼翼製作出來的肥皂成品，在引頸期盼下終於完成，實際用手

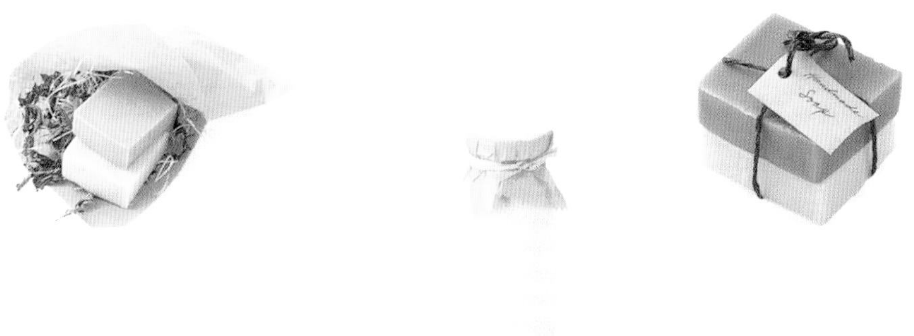

搓起泡沫，洗臉或洗手時的興奮心情，真是難以言喻。而且洗完後濕潤柔滑的感覺，是市售肥皂所沒有的。考慮對肌膚的效能，使用好材料，活用素材的優點，再以簡單製法製作出來，必定能有十二萬分的回報。

肥皂製作出來後，如果能送給親友，更能感受到分享的樂趣。除了告知以上這些快樂心情的來信之外，我也接到不少詢問有關材料、順序及用具、作法等要領的信函。

因此，這次特別針對有關「肥皂的作法」，就技術部份更淺顯易懂的加以說明，並詳細解答相關疑問。

肥皂的材料調配有無限的選項，但「橄欖油肥皂」及「馬賽肥皂」仍是好肥皂的原點。肥皂必備的條件是洗淨力、起泡、硬度、色或香等，但講到最優先的條件，仍是「對肌膚有益」，只要不斷思考材料油的種類及調配比例，就會了解為何在地中海地區的兩種肥皂，能成為好肥皂的經典，流傳世界幾百年的理由。

另外，在『洗澡的樂趣』一書中所介紹的「最奢侈的肥皂」，是遵循「橄欖油肥皂」及「馬賽肥皂」的傳統，再延伸加入對肌膚有效的油而製成的。歐洲肥皂製造商，希望製作出更好的產品，而加以發展，且

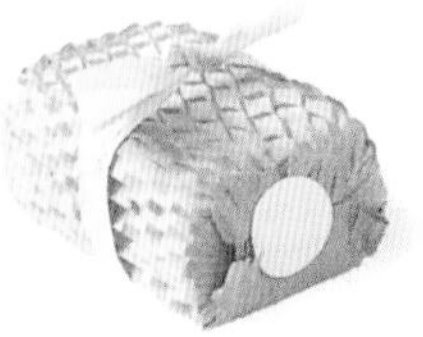

升級轉變成為能在一般家庭實現的配方。

因此，我首先把這三種肥皂的作法更詳細的加以說明，做為初級篇。只要製作過一次這種基本肥皂，以後就能製作各式各樣的肥皂。

中級篇則介紹使用天然素材，附加各種香味、顏色、效能的方法，以及前一本書僅讓各位觀看而未提供作法的「蛋肥皂」及「牛奶肥皂」、「變形肥皂」等的作法。

接下來的應用篇，是提供給希望更深入了解肥皂世界更高一級的讀者，單元中將會就原料中的油詳加說明。對肌膚的狀況或個人喜好，能買到的油之情況，自創「對肌膚有益的配方」，從油的調配到設計方法，均會詳細說明，當中也會介紹值得推薦所使用各種油的配方。

當接到形容成「被肥皂魔術迷住」的讀者快樂來信時，我也深表同感，心中不斷的回答：「是啊，我了解、我了解，我也是如此！」而且會情不自禁再度想起每天拿在手中、微不足道的這個小東西——「肥皂」，竟是何等不可或缺、擁有不可思議的魅力。

最後，盼望這次因這本書而初次認識的讀者，都能藉此機會沉醉在身邊充滿驚奇的手工肥皂世界中。

目錄

器材、化工用品

福昇化工儀器有限公司
（02）2558-1334
www.fsdiy.com.tw
台北市長安西路280號
AM 9：00～PM8：00
專營各式DIY器材、材料、化工用品、精油等…歡迎上網查詢。

第一化工行
TEL （02）2550-1101
FAX （02）2559-2597
台北市天水路43號
www.firstchem.com.tw
週一至週五
AM 8：00～PM6：00
第一化工是一家40年歷史的老店，從實驗用藥到各種基礎原料，共有三千多種商品。不管是染布的各種染料、色劑、媒染劑、還是自製蠟燭的蠟和香精，甚至連天然精油、香水、實用香精、肥皂原料、保養品基礎劑也都買的到，價格也相當便宜，找個時間來看看吧！也歡迎您上網查詢詳細的商品與價格。

城乙化工原料有限公司
TEL （02）2559-6118
FAX （02）2559-3110
台北市天水路39號
www.raymical.com.tw
週一至週五
AM 8：00～PM6：00
專營各式化工原料、食品添加物、芳香精油、基礎油、基礎美容保養用品、蠟燭、肥皂、手工藝材料，以及各式儀器、容器。歡迎上網查詢、訂購。

原料、器材、化工用品

青山儀器容器有限公司
TEL （02）2558-7181～3
台北市大同區鄭州路31號

瓶瓶罐罐
TEL （02）2550-4608
台北市太原路11-8號

精油、香料、藥草

好全公司
TEL （02）2232-0377
永和市竹林路201巷3號

向日葵蛋糕材料
TEL （02）8771-5775
台北市市民大道4段68巷4號

香草集
●南京店
TEL （02）2565-2946
台北市太原路11-8號
●延吉店
TEL （02）2775-5378
台北市延吉街112號
●民生店
TEL （02）27182991
台北市民生東路4段51號
●微風店
TEL （02）8772-3483
台北市微風廣場購物中心5樓
●京華店
TEL （02）3762-1441
台北市京華城購物中心8樓
●Tiger City店
TEL （04）3606-2579
台中市河南路3段120號3樓

橄欖油肥皂

Genuine Castile Soap

原料的油只有橄欖油而已。

百分之百純橄欖油的肥皂。

這就是橄欖油肥皂。

從歷史悠久性來說，或僅從優良材料一項來定勝負的簡單性來說，此可謂好肥皂的原型。

橄欖油肥皂的卓越性，只要用過就能立即了解。清洗時稠黏的感覺，洗後肌膚滋潤柔滑的感觸，凡初次使用的人，一瞬間會驚訝自己的皮膚似乎有所改變。

橄欖油在地中海地區，自古以來就做為食用油，也用來做為乳液或軟膏的基材、按摩油、髮油、防曬油等化妝油。

橄欖的栽培，早在紀元前四千年左右始於敘利亞，之後幾千年之間，沿著地中海沿岸向西擴展。敘利亞沿岸及希臘的伯羅奔尼撒半島、義大利的熱那亞及威尼斯、西班牙的卡斯迪亞地方等地中海地區特產的各種橄欖肥皂，之所以聲名遠播，就在於有卓越品質的橄欖油材料。

看來似乎是從遙遠的地方漂洋過海般，外型有些粗糙味道的橄欖油肥皂，迄今仍在全世界受到喜愛。帶點綠色的茶色，和有些怪味的香味，是這種橄欖油肥皂的正字標記。

不過如果使用食用橄欖油，在自家廚房製作，就能製作出令人訝異的、完全不同風情的雪白極品，如樹果般清爽的香味和高級的外型。

使用初次製作出來的這種橄欖油肥皂洗臉或洗手時，那種剛洗完時的舒服感覺，迄今仍讓人忘不了，柔滑的感覺令人難以想像。此時產生的感動，讓我有更深入肥皂世界的動力。

材料、作法都非常簡單，因此請你務必試試自家製橄欖油肥皂的美妙性。在家製作時，可添加自己喜愛的顏色或香味，就能享受市面上買不到的蛋橄欖油肥皂或牛奶橄欖油肥皂！

72%
72%
72%
72%
72%
72%
72%
72%
72%
72%
72%
72%
72%

馬賽肥皂

在現今的法國附近開始栽培橄欖，是始於紀元前四百年左右。在地中海地區則比敘利亞或希臘晚很多。而在馬賽製作肥皂則始於9世紀，因此比橄欖油的發祥地晚了許多。

儘管如此，今天法國的「橄欖油肥皂」之所以在全世界成為好肥皂的代名詞，是因法王路易14世在1688年，下令把歐洲的肥皂製造獨占權交給馬賽，自此以後持續嚴格的品質管理所致。

肥皂成品上72%的刻印，是馬賽肥皂的證明，原本是指「材料的調配是橄欖油72%、水28%」之意。但進入19世紀後，因橄欖油欠收，而不得不調配其他的油，自此以來，現在已變成「油中含橄欖油72%」之意。

其餘28%的油使用什麼油，依各製造商而不同，但僅使用橄欖油製作的橄欖油肥皂，起泡情況稍差，且容易溶化，因此才添加椰子油來改善起泡狀況，並使用棕櫚油來抑制溶化，這是傳統的手法。

此處所介紹的自家製的秘方，也添加椰子油18%、棕櫚油10%，使其均衡兼具對肌膚的柔和性和易起泡、不易溶化等優點，任誰使用起來都會感到滿意，正是「肥皂之王」的風格，浴用肥皂的必備品。

據說原本是用來清洗高級的絲或羊毛，洗後的柔軟性是因充分使用橄欖油才會有的，這也正是這種肥皂的獨特之處。

令人感到有趣的是，雖然忠於傳統的規則，但在自宅的廚房自由自在組合香味或顏色、效能，更能提高使用時的快感，而且能製作各種馬賽肥皂，蓋上72%的商標印章，也能依自己喜好分切成塊送人，使收受雙方都感到喜悅。

在準備材料、倒出模型、切開時，突然想到如果發布嚴格命令的路易14世，看到在這樣的廚房裡竟能製作出如此美麗的馬賽肥皂，不知會有多驚訝，一想到這裏，我整個人竟然覺得飄飄然，樂得哼起歌來……。

Signature Marseilles

最奢侈的肥皂

Premium Bar

做成肥皂時，被視為對肌膚最理想的橄欖油，因調配的劑量多，證明是高級肥皂，因此繼續嚴格遵守馬賽肥皂的「72%規則」。

但不論是什麼時代，「製造更好的東西」是製造產品的傳統。

當人們越來越了解平時所食用或化妝用的油，和橄欖油組合調配，會產生各種能對肌膚發揮特別卓越的效能，因此開始了各種實驗，使地中海地區製作肥皂的世界愈發深廣。

以往做為肥皂的材料被視為太奢侈的油，是高級洗臉、浴用肥皂的材料中最先使用的地中海地區特產的杏仁油，以及在歐洲當地被視為最高級食用、化妝用油的榛子油、法國殖民地西非特產的植物性黃油等。

近來，隨著了解世界各地自古以來使用各種油的效用，不僅使用上述的油，也使用自北美大陸進口的荷荷巴油。

如果你是個「肥皂迷」、愛美又聰明的人，就會了解這種高級肥皂值得在自家廚房製作。只需改變容器中油的種類即可，沒有麻煩的手續，以適當的價格就能製作出市面上買不到的高級肥皂。

自家製肥皂時，可在保濕的橄欖油、起泡的椰子油、抑制溶化的荷荷巴油這三種基本油中，再充分添加令歐洲正宗肥皂製造商，都啞然的奢侈杏仁油和荷荷巴油。添加杏仁油，能產生乳液般蓬鬆細膩的高級泡沫和輕盈的使用感，荷荷巴油能製作出不妨礙皮膚呼吸的優質保濕膜的功用，能實現洗後無與倫比的滋潤性。

一旦嘗試過這種自家製肥皂的秘方，必能由皮膚實際感受到，決定肥皂的品質在於添加某種精華，最重要就是原料的油，而且唯有這種絕妙的組合，才會產生卓越的洗後感覺。

想製作出絕無僅有的「最奢侈肥皂」嗎?請翻閱67頁起之油的世界。

有關材料

手工肥皂
為何能產生最佳的使用感

肥皂的材料是油和苛性鈉及水。

首先，使用好的油是製作真正對肌膚有益肥皂的第一步。

依使用的油，完成的肥皂性質也大不相同，詳細請參照67頁起的「製造真正好肥皂的油之知識」。

此外，為使手工肥皂用起來感覺柔和，不要把所有材料的油做成肥皂，留下10％到15％，溶解在肥皂中來完成。

因為要特地為肌膚留下一些油份，因此在材料中使用好的油就變得很重要。

手工肥皂的好用感覺，還有另一大理由。

用水溶化苛性鈉後，使用起泡器在容器中和油混合，如此在容器中就會自然形成肥皂和天然的甘油，這種天然甘油可用來做為裂傷的藥，是對肌膚溫和的保濕劑，也是能去除油溶性污垢、水溶性污垢的清潔劑。

雖然對肌膚來說是難能可貴的物質，但遺憾的是，工廠製造出售的肥皂，通常把這種天然甘油分離，做為另外的商品出售，僅凝固剩餘的肥皂份。

如果在自家廚房手工製作，在容器中自然形成的這種卓越肥皂材料，能夠連甘油一起倒入模型來凝固。

由於充分含有這種天然甘油，因此能製作出很容易去污，而又富保濕力的高級肥皂。

以下逐項說明三種肥皂的基本材料。

橄欖油肥皂

材料

橄欖油
苛性鈉
蒸餾水

馬賽肥皂

材料

橄欖油
椰子油
棕櫚油
苛性鈉
蒸餾水

最奢侈的肥皂

材料

橄欖油
椰子油
棕櫚油
杏仁油
荷荷巴油
苛性鈉
蒸餾水

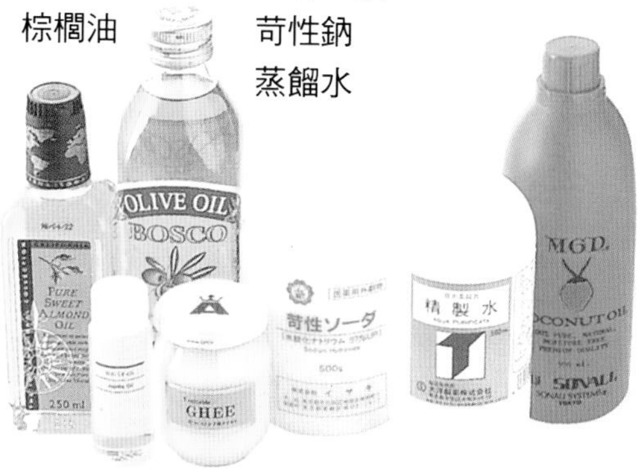

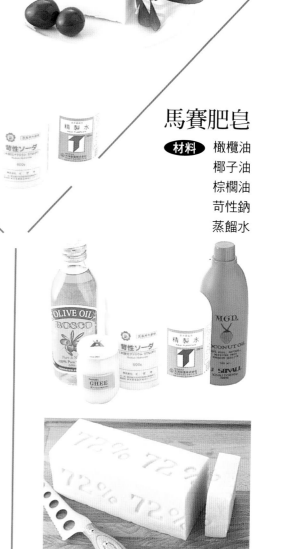

橄欖油

成為橄欖油肥皂材料的油，僅橄欖油而已。

橄欖油讓地中海地區的肥皂聲名遠播全世界的理由，前面已經說過。

先說明橄欖油對肌膚的幾項優點。

首先，在構成油的所謂脂肪酸的成分中，80％左右是容易適應人體皮膚的「油酸」，以及以自然形態含有皮脂中重要成分的天然保濕成分「角鯊烯」。並含有多量的天然保濕成分，以及洗淨成分的「甘油」，因此具有肥皂材料最重要的「使肌膚吸收水分，洗淨力又卓越」的性質。

橄欖油有各種等級，但製作肥皂時，建議使用第一次榨出來的EXTRA VIRGIN OIL下一級的食用「純橄欖油」。

有關其他二種等級油的性質，請參照高級篇的「製造真正好肥皂的油之知識」（82～83頁）。

不過近來大量進口各種橄欖油，因此能在超市或百貨公司、食品店等買到比以往更多品牌的「純橄欖油」，價格也較為便宜。

不過在廉價的橄欖油中，有些會混入其他植物油，因此要多加留意，必須是百分之百的純橄欖油。

依油的種類，製作肥皂所需的苛性鈉份量也不同，因此如果使用混入橄欖油以外的油，就無法依照所提供的秘方製作出來。

有些製造商出產的橄欖油，雖以英語標示「EXTRA VIRGIN」，但中文卻寫著「純橄欖油」，容易讓人混淆。

油的等級雖不同，但只要是橄欖油，製作出來的必定是好肥皂，但如果想製作真正雪白的肥皂，不使用「純橄欖油」，就做不出雪白的顏色，必須注意。

此外，同樣是「純橄欖油」，使用保留橄欖油香味的油，要比使用幾乎沒有橄欖油本來香味的名為「LIGHT」的精製油，更快凝固且容易製作，品質當然也較好。

椰子油

椰子油是以在馬來西亞、印尼、菲律賓、斯里蘭卡或印度等熱帶海岸地帶成長的椰子果肉曬乾，稱謂「椰乾」所榨出來的油。

如果考慮對肌膚的效用，如上所述，橄欖油是絕佳的肥皂主要原料油，但只使用橄欖油製作出來的肥皂不太會起泡。

如果添加椰子油，就會製作出起很大泡沫的肥皂。

此外，在海水或溫泉水等硬水中使用肥皂所形成的肥皂渣，對水的分散力會變好，因此在硬水地方使用的肥皂，都會添加椰子油。

品質卓越的椰子油有椰子香味，在東南亞或印度除食用外，自古以來也用來做為按摩油、防曬油。

尤其是在擁有民俗療法傳統的印度，習慣把各種花或香料的香味納入每天健康生活中，這種香味在護膚或飲食生活上都是不可欠缺的。

連脫臭油製成的肥皂也一樣。只不過不要把所有原料油都做成肥皂，因為有殘留少許剩餘的油製作手工肥皂，完成時的香味有微妙差異，對肌膚的滋潤也稍有不同。

此外，我在烹調熱帶地方菜餚時，也會選用對護膚有效，品質和香味均佳的椰子油。

如果有用剩的椰子油……

有剩餘椰子油要利用時，建議使用這種香味甘甜的油來代替牛油烹調煎香蕉。

在平底鍋溶化少許椰子油，把剝皮後縱切的香蕉放入鍋內排放，邊翻面邊煎出顏色。然後加一匙蘭姆酒（或白蘭地、橙皮酒等洋酒）。最後用火點燃去除酒精成分。

淋上檸檬汁或酸橘汁，沾蜂蜜或糖粉趁熱吃。這是熱帶風味、簡單又美味的一道甜點。

棕櫚油

從生長在熱帶地方的棕櫚果肉所榨出來的油，果肉含多量葫蘿蔔素，因此榨出的油呈現鮮紅色，稱之為紅棕櫚油，而脫色精製而成的稱為白棕櫚油。在馬來西亞和印尼生產很多，在非洲也用來做為日常的食用油。

在印度是把從馬來西亞或印尼大量進口的白棕櫚油用於烹調，在日本也能買到白棕櫚油，用來做為印度料理的食材。

這種油對肌膚雖然並無特別的效用，但卻扮演使椰子油引起的泡沫更持久的角色，也能使肥皂凝固，不易溶化變形，能製作出不會過度溶化、好用肥皂不可欠缺的油。

使用在製作肥皂的多半是脫色的白色棕櫚油，馬賽肥皂也是使用這種白油製成的。

印度料理使用的GHEE，是由乳脂製成的，屬於動物性。無法取代棕櫚油使用在製作這種肥皂上面。

在以「植物性GHEE」出售的商品中，有些又是和椰子油混合的調整油，因此必須事先確認是「百分之百棕櫚油」再購買。

印度料理餐廳多半使用自製品牌的調整油。

棕櫚油的種類繁多，如果做為食用，建議使用溶點（參照72頁）低的油，不過製作肥皂時，是以凝固為目的，因此溶點高、不易溶化的油比較適合。

如果能買到紅棕櫚油更佳，我常在製作肥皂時活用這種油。紅棕櫚油含豐富天然葫蘿蔔素及維生素E，有助傷口或粗糙肌膚的修復，能製作對肌膚溫和，不易氧化的耐用肥皂。

使用這種油製成的葫蘿蔔素肥皂或橘子肥皂，作法容後介紹，請務必試試看（參照104頁）。

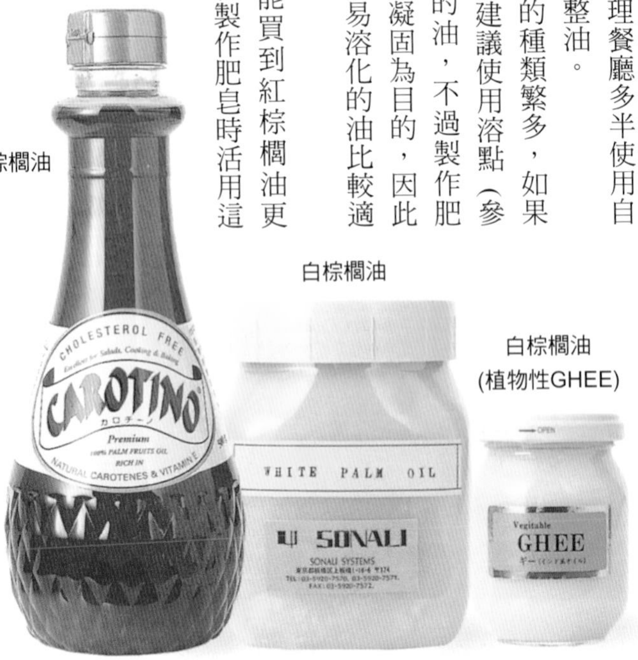

紅棕櫚油

白棕櫚油

白棕櫚油
(植物性GHEE)

如果有用剩的棕櫚油…

棕櫚油如果有用剩下，在烹調咖哩等印度料理時，可用來做為炒油。

在鍋內加熱約2大匙的棕櫚油，放入肉桂棒、1塊拍碎的生薑、1瓣切碎的大蒜來爆香。然後加入1個份切碎的洋蔥炒軟。再加入400公克牛絞肉、3大匙咖哩粉拌炒

加入1罐蕃茄罐頭和半杯水、1片肉桂葉，以小火煮20分鐘，小心不要煮焦，煮好後加入半小匙鹽調味，然後灑入青豆，讓顏色變得鮮豔。

把肉桂棒、葉、生薑撈出，可配白飯等一起吃。使用椰子油來烹調也美味。

杏仁油

用杏仁果實榨成的油，含多量各種維生素及礦物質，自古以來就用來做為高級食用油、胃腸病的治療藥或按摩油、沐浴油等化妝用油。

和橄欖油一樣，主產地都是地中海沿岸，但在中近東或美國也有栽培。

使用感比橄欖油輕盈，容易滲透肌膚，會產生多而細的泡沫，因此是製作肥皂絕佳的材料。

如上所述，在地中海沿岸地區製作的高級肥皂中經常使用。

未經脫臭精製而成的高級油，具有杏仁的清爽芳香，如果做成沙拉醬非常美味。在地中海料理或加州法國料理中經常使用。

遺憾的是，以壓榨法細心製作、留有這種卓越香味的製造商，在歐美也為數不多，英國安格麗亞公司的產品就是其一，不妨購買使用。

如果有用剩的杏仁油…

杏仁油是用途很廣的油，如果有用剩下，可用來做為唇膏或護手霜的材料，直接抹在容易粗糙部位的肌膚也非常有效。

如果用來做為沐浴油，在一個浴缸份量的熱水中，加入1/4小匙的油，充分攪拌混合，是冬天全身乾燥時的特效藥。能滋潤肌膚，洗後完全不必擦身體乳液，而且也有防止熱水變冷的效果，可說一舉兩得。敏感肌膚的人或嬰兒更可直接使用。

如果想享受各種香味及效能，可滴入4、5滴自己喜歡的香精油混合使用。

此外，還有各種食用的樂趣。可用來做沙拉醬或一般的烹調油，替代溶化的牛油來煎鬆餅或煎餅，就能品嚐到杏仁的香味，而且口感清爽不膩。

替代牛油用來烘焙餅乾或蛋糕等糕餅時，別有一番滋味。

荷荷巴油

用荷荷巴的果實榨成的油，北美或墨西哥的印地安人自古以來用來保養皮膚或頭髮，以防沙漠強烈陽光的傷害。

主要成分是其皮脂中自然含有的「蠟」，因此容易滲透肌膚，直接塗抹在皮膚上也不會感到黏膩，非常清爽舒適，能在皮膚形成一層高級的保濕膜，完全不會妨礙皮膚呼吸。

現在在全世界被視為使用感最佳的美容油，廣受喜愛。

非常不易氧化，因此製作肥皂時使用的苛性鈉份量比其他油少很多，完成時非常柔滑，用來做為提升肥皂品質的材料，是其最大優點。

未經脫色精製的油，呈現漂亮、濃稠的金黃色，比透明的更富保濕力，在芳香療法店可買到，但如果想大量調配成肥皂的材料，價格嫌太高。

最近剛上市、標榜含荷荷巴油的高級肥皂等，所添加的份量非常少，因此通常無法發揮含天然「蠟」的荷荷巴油優點。

在製作「最奢侈的肥皂」的秘方中，考慮到既然自己動手製作，當然希望完成的肥皂能以最大限度來利用荷荷巴油的效果。因此不在乎其價錢，採用盡量充分使用的作法，而非小氣的只加一點而已。

完成時必定成為絕佳的肥皂，是可安心使用的油。

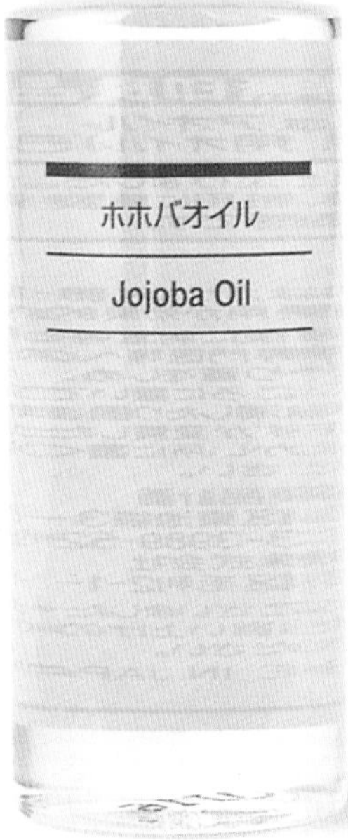

如果有用剩的荷荷巴油…

荷荷巴油不黏膩，因此最適合用來做為乳液基材，也常用來做為整髮油或頭皮治療劑。

用於頭髮散亂時的噴劑，在50cc的水中滴3～5滴的荷荷巴油，然後裝入噴瓶裡搖勻，也可依個人喜好滴入3滴薰衣草、迷迭香的精油混合。

噴在頭髮上後，用手指搓揉沾滿整個頭髮。但頭髮濕的時候梳理會傷害頭髮，因此等水分飛散後再整髮。

季節變化之際，容易因頭皮乾燥而生頭皮屑的人，建議使用荷荷巴油來保養。

洗髮後，在頭皮抹上1/2小匙的荷荷巴油，再用洗髮精輕輕洗淨就完成。

做為沐浴油使用時，用法也和杏仁油一樣。相較於杏仁油的滋潤感，感覺更柔滑清爽，但卻有充分的保濕力，不妨視心情或喜好分別使用看看。

苛性鈉

各位讀者可能對苛性鈉不太熟悉，但其實大家在小學的理科實驗中，學習酸鹼時都使用過，別名為「氫氧化鈉」。

苛性鈉在顆粒的狀態，以及用來做為肥皂材料的水溶液濃度是「強鹼」，能使蛋白質發生變化，因此在處理上必須格外小心。

如果不小心直接接觸皮膚、濺到水溶液、或進入眼睛，就可能引起灼傷。

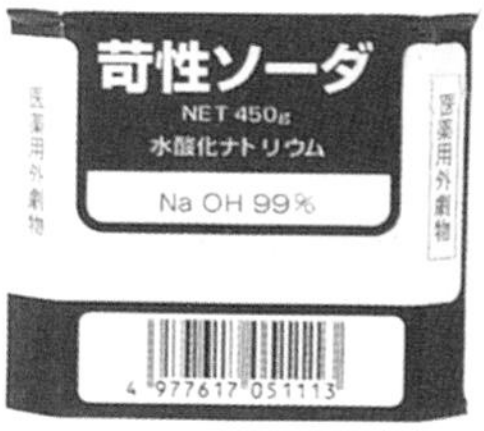

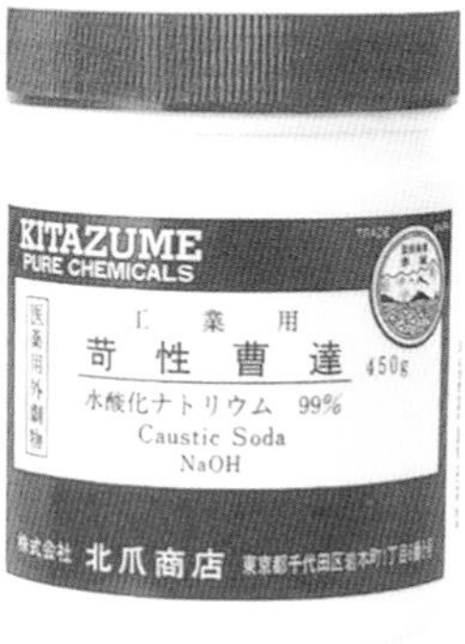

購買時的注意事項

初次購買時，可能會不了解流程，因此以下詳細說明購買時的注意事項以供參考。

前往化學藥品店購買時，最好攜帶身分證明文件。

少數店家可能會要求提出身分證明文件，因此若和藥局不熟，請攜帶保險證或駕照等，以備不時之需。

因為藥局的人未必知道能在自家廚房製作肥皂，可能會感到懷疑而詢問「買這個要做什麼？」，此時一定要把目的正確告知，「買苛性鈉是用來製作肥皂」。

如果當時沒有貨，可托店家調貨，萬一沒有出售，只好到別家店舖試試看。若不想白跑一趟，可先打電話到最近的店舖詢問後再前往。

商品的包裝通常是裝在塑膠的筒型容器中，但也有些製造商是以袋裝出售。袋裝較不易處理，也難保存，因此最好買塑膠罐裝的。大概有400公克、450公克、500公克裝等三種。

處理時的注意事項

買回家後，放置在幼童或寵物不會去的場所，以便集中精神作業。在打開苛性鈉容器蓋子處理前，徹底做好防護，絕不要和皮膚直接接觸。因為萬一苛性鈉顆粒或水溶液濺出來，直接觸碰到皮膚，就會引起灼傷。

戴上橡皮手套，有眼鏡的人就戴上眼鏡，沒有眼鏡的人可戴上護目鏡，這樣比較保險。

盡量穿較少露出皮膚的服裝。苛性鈉遇到水分時，會發出刺激臭，因此在學到要領前最好戴口罩。

從容器倒出的苛性鈉，具

有一吸收空氣中的水分，就會逐漸變「黏稠」的性質，如此一來，就會黏成一團而不好處理，因此動作要快（參照圖片）。

剛從容器取出的狀態

隔一段時間後變黏稠的狀態

如果在乾燥時直接觸碰到皮膚，也不必慌張，因為不可能會沾上太多顆粒，只要迅速用水沖掉就沒問題。

但如果未察覺已沾在皮膚上，顆粒在皮膚上吸收水分，該部位就會逐漸灼傷。此時就要用清水迅速沖洗，以流水或冰塊來冷敷，做好灼傷處置。

濺到水溶液時也採取相同的處置。

有人說，「淋醋來中和鹼即可」，但與其觀看皮膚上引起新的中和化學反應狀況，不如趕緊用流水沖洗較好。

如果擔心顆粒濺到作業台上，可鋪上舊報紙。最要避免的是水溶液大量濺出，因此必須和油炸時一樣特別小心

保管時的注意事項

如上所述，苛性鈉一吸收空氣中的水分就會引起變化，因此一定要蓋緊蓋子，確定是在密閉狀態下來保管。

另外，也要向家人清楚說明這是什麼東西，以及處理時要特別注意些什麼。此外，絕對不可放在幼童手搆得到的地方，或是寵物經常玩耍的地方。

生理食鹽水

在藥局即能買到。市售的隱形眼鏡用生理食鹽水500cc瓶裝即是精製水。

溶化苛性鈉時使用。如果水中含礦物質成分多，會妨礙想和苛性鈉反應的油中脂肪酸結合。

一般自來水應該沒有太大問題，但如果住在硬水地區，製作水溶液時，表面會浮上一層礦物質成分和苛性鈉結合形成的浮游物。

不管怎麼說，精製水是很便宜的東西，因此無論住在什麼地區，我都建議購買精製水使用。

但不要刻意購買礦泉水，反而會有反效果，請注意。

有關用具

製作肥皂的用具也能用來烹調

「苛性鈉很危險，因此碰過肥皂材料的用具不能再用來烹調」，可能很多人都會這麼認為，但其實完全不必擔心。

往昔使用灰水製作的北歐魚料理，現在仍使用在水中溶化苛性鈉的鹼水來烹調。

自從我向北歐籍的乾媽學會名為盧特菲斯科，為了聖誕節特別烹調的魚料理後，每年聖誕節都會烹調，不過當然沒有烹調這道菜的專用器具。

日本自古以來也使用灰水來烹調。必須注意的是，不要直接接觸「強鹼的狀態」，如果加入水來稀釋，「強鹼」就會變成「弱鹼」，何況是用水沖洗後，絕不會殘留危險物質。

以前肥皂也是用油和灰水製作的。把灰水調製成適當的濃度有困難，但自一百年前左右，使用苛性鈉就能正確又方便的製作出來。此外，使用鹼還有去污的性質，在打掃廚房及房子上，苛性鈉已取代灰水被使用。

現在在美國一般超市的清潔劑專賣區架子上，仍可看到放在經常更換貼紙的清潔劑新產品旁，可見仍是一般家庭常用的清潔用品。

如今我們身邊充斥各種清潔劑，因此製作鹼水的苛性鈉，或許已成為日常生活中不熟悉的物品。

製作肥皂必備的用具 (29頁有表列詳解)。

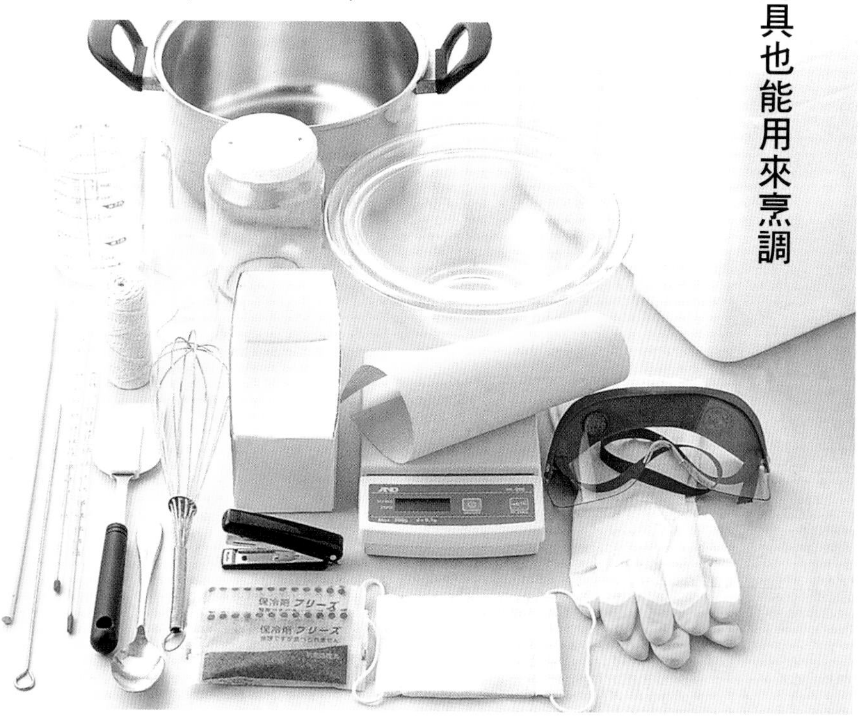

如果處理不當就有危險，因此為提醒大眾注意，在日本已指定為劇藥。

儘管如此，就和菜刀等刀剪或火一樣，只要了解避免危險的處理方法，就沒有理由害怕。

因此，首先詳細說明處理肥皂材料用具選法的注意事項。

① 碗2個

❶混合油和苛性鈉水溶液時使用

挑選能裝1公升液體以上大小的碗。

苛性鈉會腐蝕鐵或鋁，因此必須使用玻璃或不鏽鋼、琺瑯製的碗。

在百貨公司或廚房用品賣場均可買到。

❷能放得下瓶子來冷卻的碗

苛性鈉與水溶化後，溫度會上升，因此必須冷卻到適溫，此時可泡在裝冷水的碗裏冷卻。必須是放入瓶子時很穩的碗才行。

② 量杯或燒杯

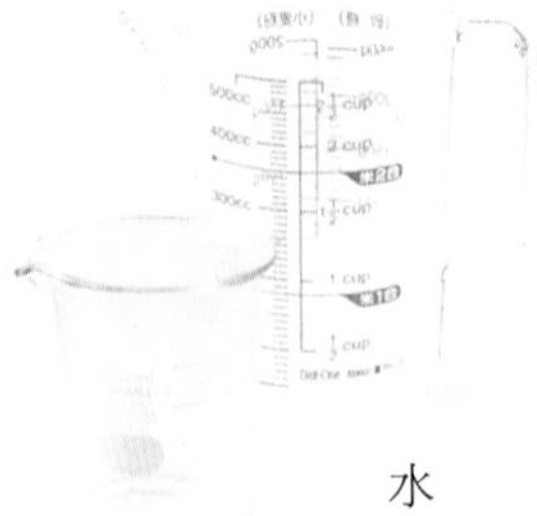

正確量精製水、油時使用。烹調用的量杯中，有些刻度不太正確，因此必須注意。建議使用圓筒形的。越到上部越寬的形狀，容易不正確，因此要避免。

使用在芳香療法店或化學用品店買的燒杯比較正確。

③ 能放得下裝油碗大小的鍋

為使油的溫度變成38到40℃，把油連碗一起隔水加熱（參照34頁）。如果直接在火上煮，油會瞬間變高溫，而且不易冷卻。此外，因使用的油是對肌膚有益的優質油，故避免直接加熱，以免破壞油質。

裝油的東西靠近火很危險，故要特別小心，以免引起火災。因此最好使用能穩穩放入碗的組合式鍋。

④ 秤和紙

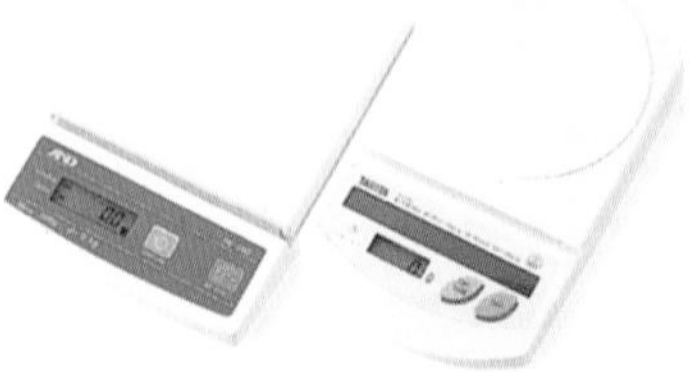

為了正確秤量苛性鈉，至少需要準備能量到1公克單位的烹調用數位秤（電子秤）（也能買到量到0.1公克單位的秤。用來量自家製奶油材料或辛香料粉末、乾燥香草等非常輕的東西時很方便）。

在百貨公司或廚房用品賣場、烹調用具賣場、實驗用品店等均有售。

放置秤量苛性鈉的紙（使用0.1公克單位秤的情形），太硬或太軟都不好用，必須是能輕易捲成圓筒狀的材質。

影印用紙等有張力的紙比較好用。

⑤ 不鏽鋼湯匙

量苛性鈉時使用。柄稍長、喝湯用的晚餐湯匙比較好用。鋁製湯匙不能接觸苛性鈉，絕對要避免。

⑥ 起泡器

就是做蛋糕時，用來打蛋的有柄、不鏽鋼製的。在混合肥皂材料時使用。在百貨公司或廚房用品賣場、烹調用品店等均有售。

如果使用電動起泡器或調理機、果汁機等混合，有時會使材料四處飛散，因此絕對要避免。生的肥皂材料含有苛性鈉的水溶液，因此一飛散就糟了。

含苛性鈉的肥皂材料，乍看如卡士達醬狀般美味，絲毫不覺得危險，即使溫度沒那麼高，但還是必須時時注意，就如處理「很燙的炸油」一樣必須小心翼翼。

⑧ 長條不鏽鋼串燒棒或木製長筷1支

在玻璃瓶內混合、溶化苛性鈉和精製水時使用。

建議使用不會腐蝕、烤肉用不鏽鋼串燒棒。長度必須比瓶子高。

在百貨公司的烹調用具賣場有售，但如果認為不需另外購買，也可使用家裏現成的木製長筷。

只不過長筷用太多次後會逐漸被苛性鈉腐蝕，因此使用一段時間後就要換新。

如果仔細看，發現瓶內的苛性鈉水溶液表面有一些如木頭纖維般很細的東西，就表示下次要換新的筷子了。

⑦ 蓋子打洞的玻璃瓶（750cc左右）

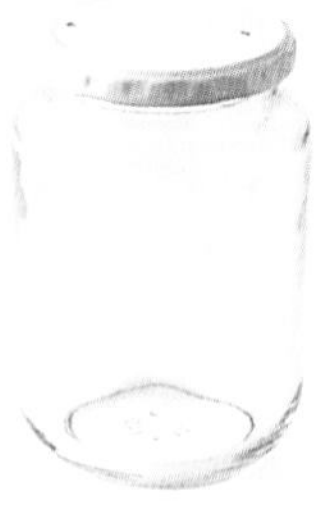

在這種容器內混合苛性鈉和精製水來製作水溶液，然後直接注入碗時使用。

用錐子在廣口玻璃瓶的蓋子上打兩個小洞，就能簡單製作（參照下方圖片）。

裝酸黃瓜或果醬等食品用玻璃罐，非常堅固，耐煮沸消毒。但如果仔細看，會發現玻璃中有很多小氣泡，或是為了裝飾故意使玻璃的厚度不一。

使用這種瓶子製作的苛性鈉水溶液，溫度會上升到60到80℃，必須泡在冷水中冷卻到38到40℃。

為避免瓶子萬一破裂，最好選擇玻璃厚度均一、形狀簡單的，並確定沒有氣泡的再使用。

如果找不到適當的瓶子，可在百貨公司的烹調用具賣場購買保存用的空瓶。

用錐子在蓋子上打洞後，實際使用前先裝水試試看，檢查水能否順利流出，此時會留下數滴以上的水。

如果覺得水太多，就調整洞的位置（如果留下數滴左右不要緊。量杯或瓶子也會留下數滴油。這種程度的誤差沒問題）。

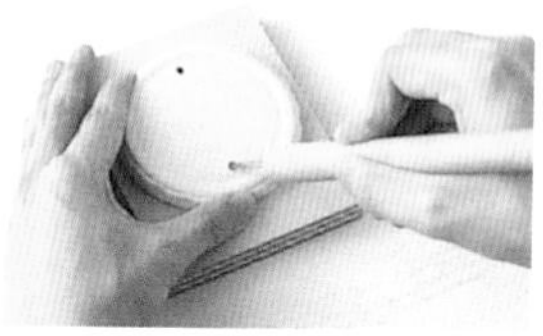

為什麼一定要使用這種瓶子？

因為在混合苛性鈉水溶液和油時，和製作美乃滋時的要領一樣，在最初階段要花很長的時間，像細絲一樣慢慢注入，如此才能製作出均勻的肥皂材料。

只要使用這種瓶子，就能輕鬆調整注入的量。如果覺得沒有把手不好拿，可使用附把手及注口的耐熱玻璃量杯，但一手使用起泡器，另一手保持一定速度一點點少量注入以免濺出來，這是意想不到的難事，因此建議在初次製作肥皂時，還是使用這種瓶子較好，只需確認注入的速度和量的要領即可。

⑨ 烹調用溫度計2支

當油和苛性鈉水溶液兩者都變成38到40℃左右時，就要把油和苛性鈉水溶液混合，因此需要兩支溫度計。

通常玻璃製溫度計能量負℃到正105℃。但苛性鈉水溶液的溫度會變成60到80℃，因此只要能量0到100℃的溫度計就夠用了。

在百貨公司的烹調用具賣場或藥房均可買到。

⑩ 橡皮刮刀

就是把蛋糕材料等刮乾淨時使用的烹調用橡皮刮刀。把在容器內完成的肥皂材料倒入模型時使用。

在百貨公司或烹調用具賣場均有售。

⑪ 冰或保冷劑

把裝溶化苛性鈉水的瓶子浸泡成冷水時使用。

如果有用來冰冷凍食品的攜帶型保冷劑，就不必每次做冰，可反覆使用。

⑫ 模型（牛奶盒1公升）

倒入肥皂材料時，我是使用把兩個牛奶盒用釘書機釘成的模型（參照插圖）。

同樣尺寸的紙盒、果汁等其他飲料盒當然也可以。這種紙盒做為肥皂模型好用的理由，第一是有耐油性，兩個重疊起來，材料中的油不會外漏。

此外，因為所介紹的手工肥皂的材料是調配較多一些對肌膚溫和、溶點低的油，含充分的甘油，因此頗為柔和，但如果使用牛奶盒，可用美工刀連模型一起切開取出，同時，如馬賽肥皂般整個以塊狀完成的情形，完成時就已經形成美麗的形狀。

但如果家中從不買紙盒裝的牛奶或果汁，只要避免使用鐵或鋁製等會被苛性鈉腐蝕材質的模型即可，還有其他很多種容器可用，視自己方便來想辦法即可。

以下列舉有關模型值得參考的事項。

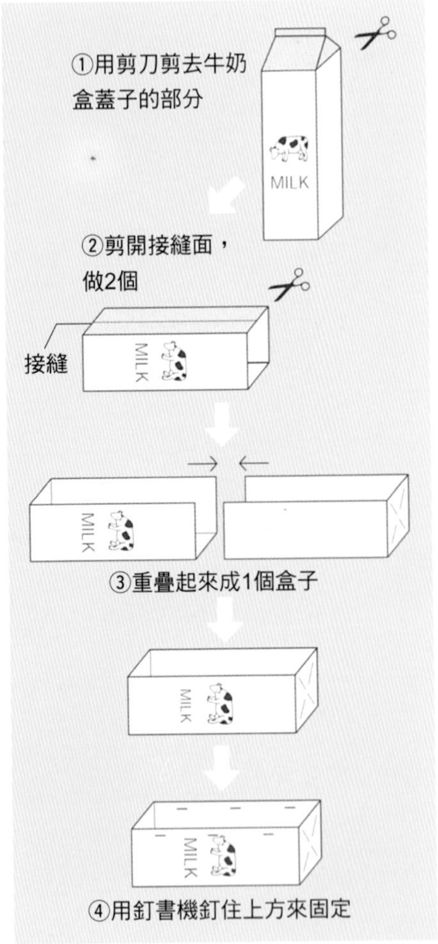

玻璃容器對苛性鈉完全沒有問題，但不能彎曲。而且直接倒入材料時，無法以所介紹的手工肥皂方法取出凝固的材料，必須鋪上一層耐油紙。

蛋糕或布丁等的模型，多半是鋁製的，請多留意材質。只能使用不鏽鋼或琺瑯製的。此時不要忘記鋪上一層耐油紙，以方便取出。

我也常使用以圓形耐油紙做成的海綿蛋糕用烤紙，來代替牛奶盒（參照圖片）。這也和牛奶盒一樣，把模型切開，解體後取出，因此能因應很軟的材料。

如果直徑有18公分，就能做出和所介紹的秘方的尺寸一樣大小。

如果有製作蛋豆腐或芝麻豆腐的不鏽鋼模型，當然也可使用（參照圖片）。

容易取出的構造，又有柔軟性，是能重複使用的容器。不需鋪紙。而且有大有小，各種尺寸齊全。

以標準來說，縱14公分、橫15、16公分左右的大小，正好符合橄欖油肥皂的份量。

再次提醒勿使用鋁製的容器。

在**木盒或紙盒**內鋪塑膠布或棉布來製作的方法，歐美經常採用。不過材料不易流到角的部分，而且通常會留下塑膠布或棉布皺紋的痕跡。但如果配合木盒或紙盒的大小，鋪上剪下製作蛋糕時使用的耐油紙，又太麻煩，而且材料中的油會從邊緣漏出。為了肌膚辛苦做成的優質材料，其中的油被木盒或紙盒等模型大量吸收，就太浪費了。

因此我不採用這種方法。

還有使用**塑膠製容器**的方法，因為不需鋪紙，所以是普遍的作法。有柔軟性，容易從模型中取出，可重複使用多次，但如果是非常高級的材料，不鋪耐油紙就不容易取出。

如果不放心把聚乙烯或塑膠製品和油一起使用，在木盒內鋪棉布是自古以來最傳統的方法。

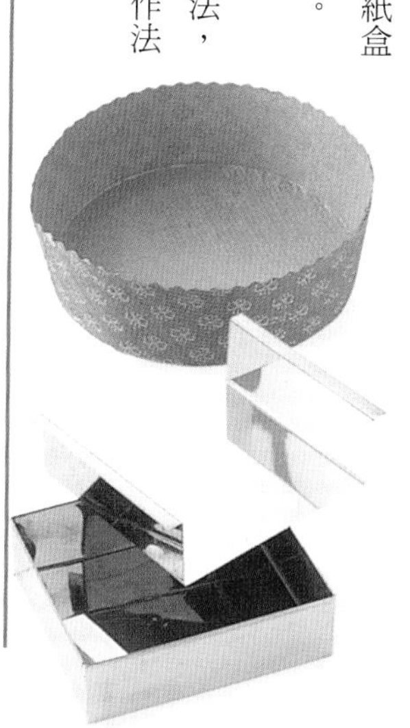

⑬ 烹調用棉線

把材料倒入牛奶盒模型時，中央會因材料的重量而鼓起來，所以要用棉線綁住三處來整理形狀。在百貨公司或烹調用具賣場、文具店等均有售。

⑭ 保溫性高的保麗龍盒或瓦楞紙箱和毛毯等

倒入肥皂材料的模型，在最初的24小時內，保溫放置時使用。

寶麗龍盒可在超市或釣具店買到。或是冷凍宅急便送貨來時留下備用。

此外，也可在瓦楞紙箱上蓋上毛毯來代替。

⑮ 皮手套、眼鏡或護目鏡、口罩

處理苛性鈉材料時的防護用具（參照21頁的苛性鈉一項）。

橄欖油肥皂、馬賽肥皂、最奢侈的肥皂之作法

接著，立即在自家廚房動手做做看肥皂吧！

基本上來說，肥皂的作法並不複雜。在家中的廚房使用一般烹調用具，利用工作或做家事的空檔，就能自製全家人都能使用的優質肥皂。

為方便走動，先在廚房騰出一個空間，以便集中作業，確認材料和用具全部齊全後就可開始！

大致的製作順序

1 量精製水和苛性鈉

2 用精製水溶化苛性鈉

3 量油，使油和苛性鈉水的溫度一致

4 混合油和苛性鈉水，攪拌混合20分鐘

5 分辨把材料倒入模型的時機

6 倒入模型

7 放入保溫箱待其凝固

8 倒出模型切開、乾燥

橄欖油肥皂放置6週左右，其他肥皂放置約4週就算完成。

檢查表 (確認材料和用具是否齊全)

材料

橄欖油肥皂

□ 橄欖油　□ 苛性鈉(燒鹼)　□ 精製水

馬賽肥皂

□ 橄欖油　□ 椰子油　□ 棕櫚油
□ 苛性鈉　□ 精製水

最奢侈的肥皂

□ 橄欖油　□ 椰子油　□ 棕櫚油
□ 杏仁油　□ 荷荷巴油　□ 苛性鈉
□ 精製水

用具 共通

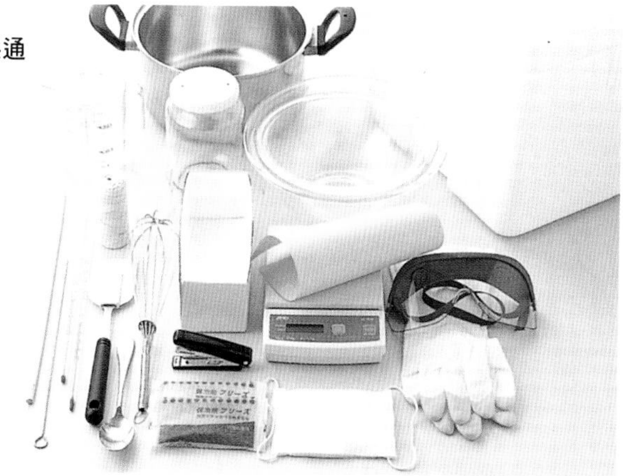

□碗（盆）2個　□起泡器（打蛋器）　□模型
□量杯或燒杯　□蓋子有洞的玻璃瓶　□烹調用線
□寶麗龍盒或瓦楞紙箱和毛毯等　□鍋　□不鏽鋼串燒棒或木製長筷
□秤　□（紙）　□烹調用溫度計2支
□橡皮手套　□不鏽鋼湯匙　□橡皮刮刀
□眼鏡或護目鏡　□冰塊或保冷劑　□口罩

1 量蒸餾水和苛性鈉

要點

材料的份量必須正確計量，因為如果稍有出入，完成後的肥皂使用起來的舒服性會有微妙的差異。

雖然不必那麼緊張，但苛性鈉最好儘快處理。因為如果吸收空氣中的溼氣而開始變黏，就會沾在湯匙或紙上，處理起來困難。

尤其是在梅雨季節，一開始量時就會馬上吸收溼氣，所以事前利用空調的除濕功能來降低室內的溼度，這樣作業起來就輕鬆許多。

1 先量蒸餾水。

先把蒸餾水放在冰箱冷藏後再使用。

	蒸餾水的份量	苛性鈉的份量
橄欖油肥皂 (濕潤型)	180cc	53g (乾性肌膚或冬季用)
橄欖油肥皂 (乾燥型)	180cc	56g (油性肌膚或夏季用)
馬賽肥皂	250cc	83g
最奢侈的肥皂	250cc	76g

苛性鈉的顆粒外漏時該怎麼辦？

苛性鈉的碎片或顆粒如果外漏也不必慌張，乾燥的顆粒就用戴上橡皮手套的手或湯匙、旁邊的紙撿起來，放入容器內。

但是記得要馬上撿起，不要等到事後再來處理，因為如果放置下去變成黏稠狀態，有些流理台的材質會受到侵蝕而出現斑點，如果太大意而用手觸摸，可能會灼傷手。

如果你擔心自己太大意而未注意外漏，可先在作業台上鋪舊報紙再開始進行。

2 量苛性鈉

使用0.1g單位的秤來測量時

最大只能量到200g，因此不裝入玻璃瓶來量，而是舀到紙上來量。

1 先把玻璃瓶放在洗碗槽。

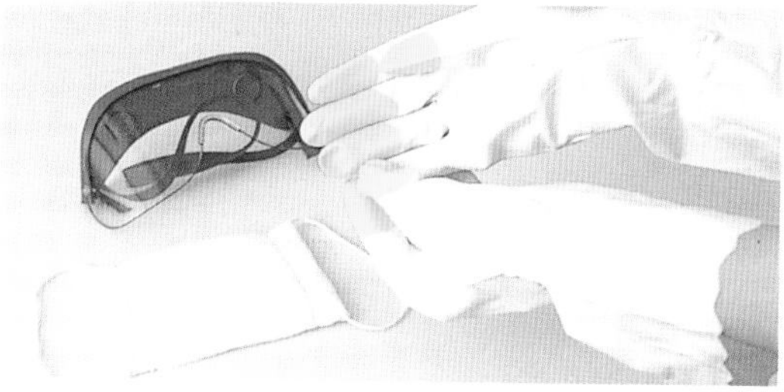

2 戴上橡皮手套和口罩。戴眼鏡的人就戴眼鏡，未戴眼鏡的人戴上護目鏡來保護眼睛。

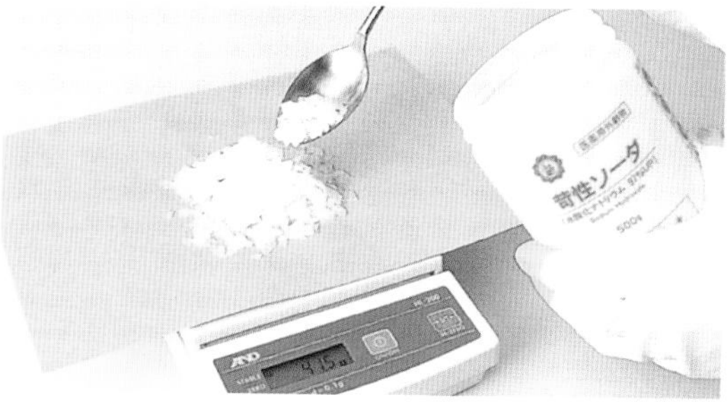

3 把紙放在秤上，將數字歸零，注意不要灑出來，用不鏽鋼湯匙把苛性鈉舀出來正確計量。

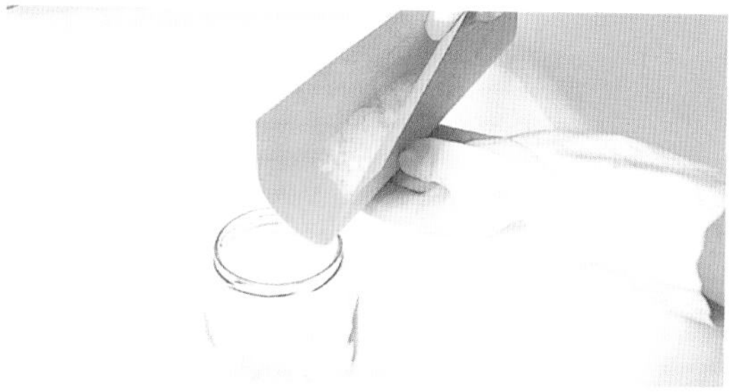

4 迅速倒入洗碗槽內的玻璃瓶中。

使用1g單位的秤來測量時

最大可量到1kg，因此可連玻璃瓶一起量。

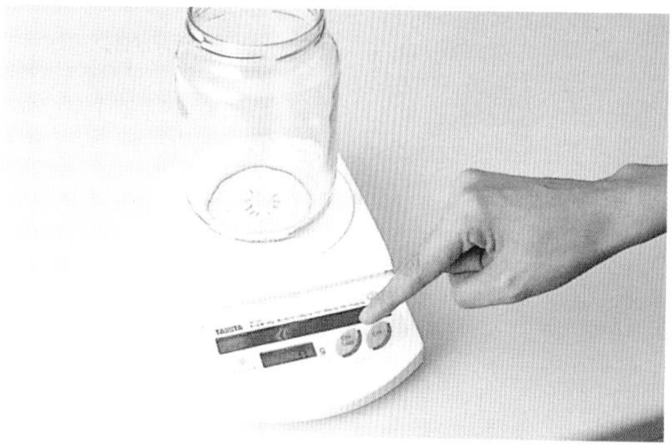

1 把玻璃瓶放在秤上，把數字歸零。

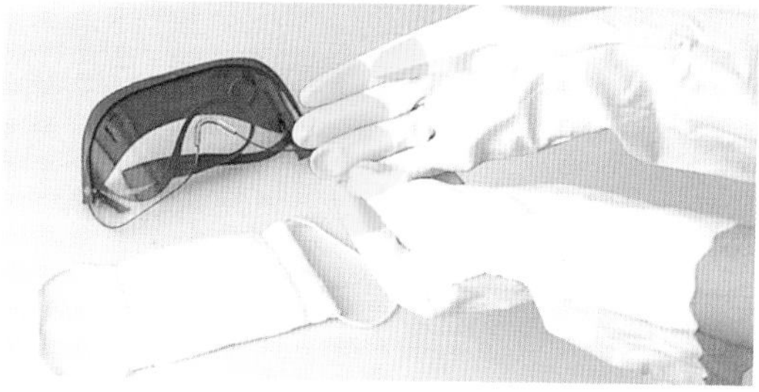

2 戴上橡皮手套和口罩。戴眼鏡的人就戴眼鏡，未戴眼鏡的人戴上護目鏡來保護眼睛。

3 注意不要灑出來，用不鏽鋼湯匙把苛性鈉舀出來正確計量。

4 把玻璃瓶放在洗碗槽。

2 用蒸餾水溶化苛性鈉

要點

混合苛性鈉和水時，瓶內會自然冒出白色蒸氣，發出獨特的刺激臭味，因此在一旁不要深呼吸。使室內的通風良好很重要，但也要注意通風的方向，如果空氣的流通是從玻璃瓶的方向飄向自己，刻意通風會造成反效果。因此有時室內的空氣儘量不要流動反而較好。

先確認室內空氣的流動，再打開窗戶或開抽風機。

等到熟練之後就能掌握要領，但第一次還是戴上口罩比較安心。

夏天氣溫高時，事先把蒸餾水放入冰箱冷藏，這樣可減少冒出的蒸氣。

① 把量好的蒸餾水倒入放在洗碗槽的苛性鈉瓶子內。

② 用不鏽鋼串燒棒或長筷迅速攪拌混合。

③ 攪拌到苛性鈉的碎片不沾在筷子上，水變透明就停止。

④ 把溫度計放入瓶內。此時，溫度計的刻度應該指在60℃到80℃左右。

⑤ 把玻璃瓶泡在水中，冷卻到38℃到40℃左右。

苛性鈉的溶化方法程序

「製作苛性鈉水溶液時，不論是在水中一點一點加入苛性鈉，或是在苛性鈉中加水，都很危險」，筆者接到不少來自曾在小學自然科的課堂上做過實驗的人，以及教自然科的老師們，對有關手工肥皂作法中處理苛性鈉方式所提出的質問。

其中甚至有人會擔心，如果和自然科實驗的規則程序相反，是否會引起瓶子爆炸？！不過從結論上來說，其實完全沒有這種顧慮。

筆者迄今已做過數不清的肥皂，但從未發生過瓶子破裂的情形，只發生過一次瓶子出現裂痕。而且是依照自然科實驗室的規則，把苛性鈉放入水中，原因也和這種程序無關，而是因玻璃瓶本身就有氣泡，使瓶子不堅固所致。

因此，就如在玻璃瓶一節中所說，在使用玻璃瓶前，要先確認玻璃瓶本身有無氣泡。

或許有人會認為混合苛性鈉和水時，水一定能沸騰到100℃，可是如果以這種作法的份量濃度來製作苛性鈉水溶液，溫度只能上升到60℃到80℃。凡在工廠經過煮沸消毒過的保存食品，玻璃瓶都足以耐得住這個溫度。

不論是把苛性鈉加入水中混合，或是在苛性鈉中加水來混合，只要達到所介紹作法的濃度，攪拌混合的安全性完全沒有問題（如果份量變成2倍、3倍，使用較大的玻璃瓶也一樣能製作）。

筆者經過深思熟慮才訂出這個程序，是有理由的。

也許有人會感到意外，但苛性鈉完全乾燥時，即使直接用手指碰觸，也不會有害。問題在於如果皮膚在不知不覺中沾到碎片，暫時不會察覺。

苛性鈉具有逐漸吸收空氣中的水分時會變得黏稠的性質，變成這種狀態時，就會慢慢引起灼傷。有時苛性鈉碎片會散落四處，以安全性方面來說，這點是在家中的流理台處理苛性鈉時，首先應該極力避免的。

在水中一點一點加入的作法，尤其是在還不熟練的情形下處理這麼多份量的苛性鈉時，因很快就開始變得黏稠，故通常會害怕濺出來或感到不知所措。因此，為儘量縮短手邊處理苛性鈉的時間，首先把份量的苛性鈉一口氣全部倒入空玻璃瓶內，然後放在洗碗槽。因為，如果把苛性鈉加入水中，有時還可能會跳出來。

但如果自認為把苛性鈉一點一點加入水中的自然科實驗式的作法比較容易，當然也可以這麼做。重要的是如何不讓苛性鈉濺出流理台，以及不直接觸碰，因此關鍵在於哪種作法比較容易。

不過，在混合苛性鈉和水時，一定要在洗碗槽內進行

如上所述，這是為了防範在混合時，萬一玻璃瓶因某種理由產生裂痕或翻倒時所做的考量。

如果玻璃瓶內的水溶液在洗碗槽以外的地方翻倒，就會比苛性鈉碎片更難處理，這點是這種製法過程中最重要的注意事項。

3 量油，使油和苛性鈉水的溫度一致

要點

混合油和苛性鈉來製作肥皂時，因溫度提高而使肥皂的化學變化（鹼化／皂化）加速進行。因此，以前在製作肥皂時，都是採用把材料放入火中的所謂「鍋煮法」。

可是如果仔細考慮對肌膚的效能，而特別挑選上等植物油來製作肥皂，就不要以粗糙的加熱來傷害到這種優質油。

為保護材料油的優點，順利引起鹼化（皂化）的反應，必須溫度恰當，如果是植物油，就維持在38℃到40℃。

1 量油後倒入碗裏 (盆)。

① 把份量的橄欖油倒入碗裏。

② 如使用其他的油，就量好份量加入①的碗裏。椰子油、棕櫚油如果是凝固狀態，就以隔水加熱方式來溶化。

油的份量

橄欖油肥皂	橄欖油	458g (500cc)
馬賽肥皂	橄欖油	458g (500cc)
	棕櫚油	64g (溶化成 70cc)
	椰子油	112g (溶化成 120cc)
最奢侈的肥皂	橄欖油	229g (250cc)
	杏仁油	184g (200cc)
	荷荷巴油	50g (60cc)
	棕櫚油	90g (溶化成 100cc)
	椰子油	90g (溶化成 97cc)

＊註：製作橄欖油肥皂和馬賽肥皂時，如果使用500毫升的瓶裝，就不必再量橄欖油的量。

使溫度一致的秘訣

把裝入溫度上升到60℃到80℃的苛性鈉水的瓶子，放在洗碗槽泡水，溫度就會逐漸下降。在下降到覺得溫度正好時，如果再用溫度計來攪拌，有時溫度會再稍微上升，因此稍微攪拌混合即可，視狀況調節到38℃到40℃。

觀察油的狀況，如果希望快點冷卻，就在碗的水中放入冰塊或保冷劑。如果一不留意冷卻過度，就把碗裏的水換成熱水。

為防止油因加熱而劣化，不要直接接觸火，而採隔水加熱方式。油的溫度一旦上升就很難下降，即使從火上移走，仍會繼續上升，因此在加熱到35～36℃時就停止加熱。

因為這是把油靠近火源的作業，故必須和油炸時一樣非常小心。

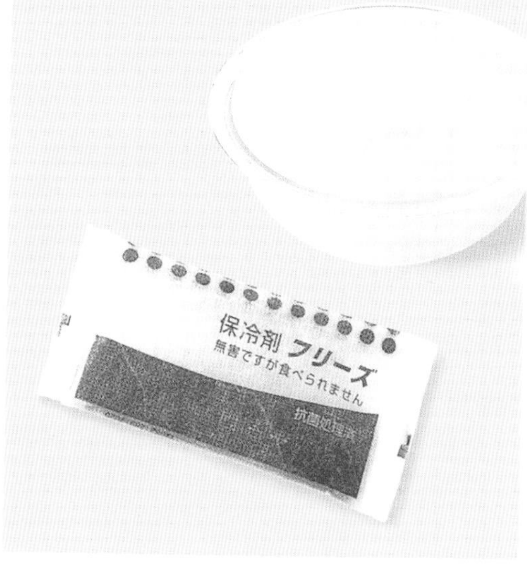

2 使油的溫度和苛性鈉水的溫度一致。

1 把加入份量油的碗放在裝熱水的鍋裏 (隔水)，把油的溫度調節到38℃到40℃。

2 苛性鈉水和油的溫度變成38℃到40℃時，就取出溫度計，把鍋子移走。

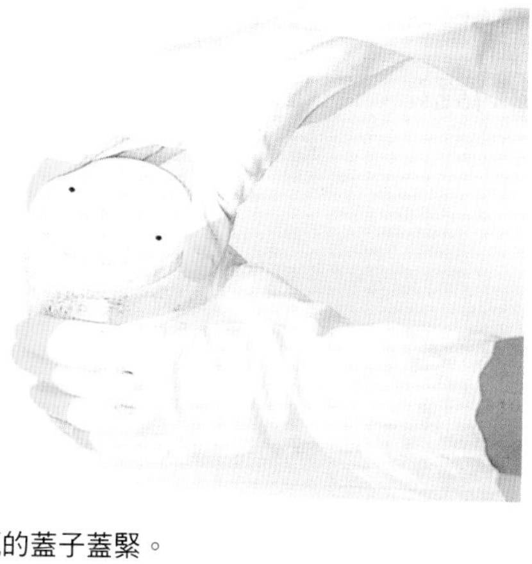

3 把玻璃瓶的蓋子蓋緊。

4 混合油和苛性鈉水攪拌混合20分鐘

要點

混合油和苛性鈉及水，製作成鹼性液後，就會慢慢開始變成肥皂。就如製作美乃滋時一樣，把苛性鈉水溶液混合到能拉成細長的絲狀時，做出來的肥皂材料才會均勻漂亮，因此最初的結合很重要。

仔細攪拌混合，來促進油內的脂肪酸和苛性鈉的結合。一開始至少混合20分鐘，對結合很有幫助，以後就會自動逐漸進行鹼化，在碗裏自然變成肥皂。

用起泡器來混合攪拌很有用，在混合中就能看出油的金黃色變白。這種白色東西就是肥皂。

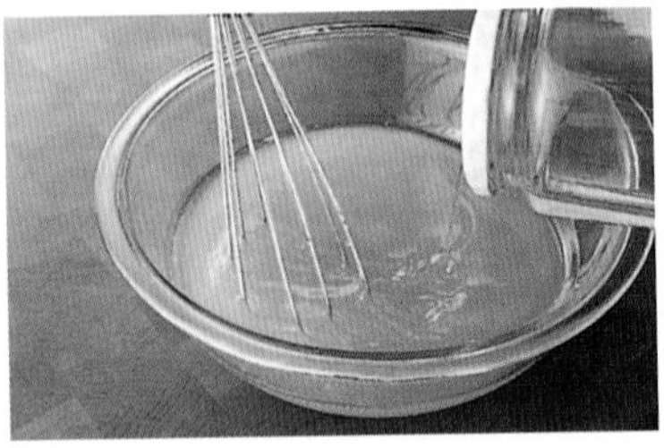

① 在油的碗裏邊攪動起泡器，邊一點一點倒入苛性鈉水溶液。

② 攪拌20分鐘，注意不要濺出材料，迅速攪拌混合。

＊註：注意不要像把蛋白打起泡一樣用力攪拌。不要動整條手臂，僅旋轉手腕尖來攪動。電動打蛋器會使材料飛濺而產生危險，因此不可使用。

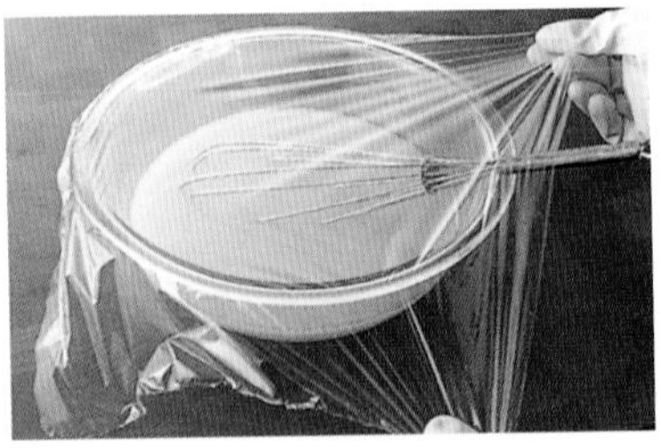

③ 經過20分鐘後，以放入起泡器的狀態覆蓋保鮮膜，等待倒入模型。

＊為避免幼童或寵物來搗蛋，應放置在安全的地方。每隔數小時就攪拌混合材料，使分離的材料結合在一起，然後放置，等待倒入模型。中途如果想小睡片刻，也可置之不理。

倒入模型前的時間基準

橄欖油肥皂	約24小時
馬賽肥皂	約12小時到24小時
最奢侈的肥皂	約12小時到16小時

倒入模型前時間差異的理由？

如上所述，一開始至少攪拌混合20分鐘，可是同樣是20分鐘，如果迅速混合，完成材料的時間就會縮短。

此外，不要說20分鐘，若有餘裕，一開始就混合攪拌30或40分鐘，就能縮短數小時。因此其實時間很有融通性。只要份量沒錯，不會發生因混合方式不良而無法凝固的情形，最後一定會變成肥皂。

另一個對時間影響很大的是氣溫。引起鹼化的反應時，即使置之不理，肥皂的材料在碗裏也會自動繼續發熱。

以這種狀態把溫度保持在38℃到40℃時，鹼化就逐漸進行，但如果氣溫低，材料的溫度也會下降，反應就會變慢。

儘管如此，但倒入模型的時間，夏季比冬季縮短許多（但如果把碗裏的材料放入保溫箱，不同的條件有時會使溫度遠超過38℃到40℃，導致過度反應，這樣完成後，有時在模型內會出現裂痕或是變得不均勻，因此要注意)。

總之，只要混合攪拌20分鐘，即使因人多少會有些微誤差，但這種基準時間的前後必定能倒入模型，下一節將說明如何分辨這種時機。

5 分辨把材料倒入模型的時機

製作肥皂時，只要遵循以下四點，保證不會失敗。

要點

①不要弄錯份量
②混合攪拌時正確做好溫度管理
③最初的20分鐘要仔細攪拌混合
④正確分辨把材料倒入模型的時機

亦即，「倒入模型的時機」是不可欠缺的最後一點。分辨方法並不難，請參照插圖。

絕對要避免的是太早倒入。因為材料在模型中仍會分離。相較之下，稍微等久一點再倒入較不會出問題。

隨時間經過，碗裏的肥皂材料會變得黏稠，就如濃稠的卡士達醬狀般。

當材料不再分離，取走起泡器時，如果濃度變成滴下時能在表面畫圖，就表示是倒入模型的最佳時機（參照上圖）。

太黏

還差一點

還早

如果材料太黏怎麼辦？

如果材料變成上圖般太黏的濃度，就不能順利倒入模型。但使用橡皮刮刀也能刮入。只要不在乎表面或切口不光滑就無所謂，這是第一個方法。

另一個方法是再等1天或2天，更加凝固時，再如搓湯圓般搓成球狀，變成球形肥皂（參照插圖・參照58頁）。

搓成球形時，因熟成期間尚未結束，所以不能直接用手接觸，必須戴上橡皮手套來搓。

6 倒入模型

要點

變成可倒入模型時的肥皂材料，在碗裏的狀態宛如卡士達醬，看起來非常可口，不像是危險的東西，但這才正是最可怕之處。

因為在這種狀態的材料中，肥皂只佔一半左右，仍殘留不少苛性鈉的水溶液。鹼化的反應只到一半而已。

因此務必留意孩子誤以為是點心，而用手指沾來吃。材料沾在皮膚時，雖然不會導致灼傷，但也會引起刺痛，因此在倒入模型的作業之前，不要忘記戴上橡皮手套。

＊右圖的材料份量，是製作馬賽肥皂的份量。此外，如何處理使用過的用具，請參照60頁。

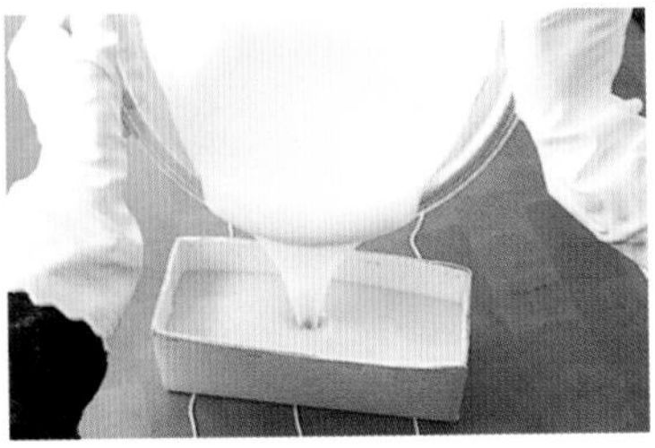

① 把3條烹調用棉線墊在牛奶盒製成的模型底部，然後戴上橡皮手套，把材料一口氣倒入模型。

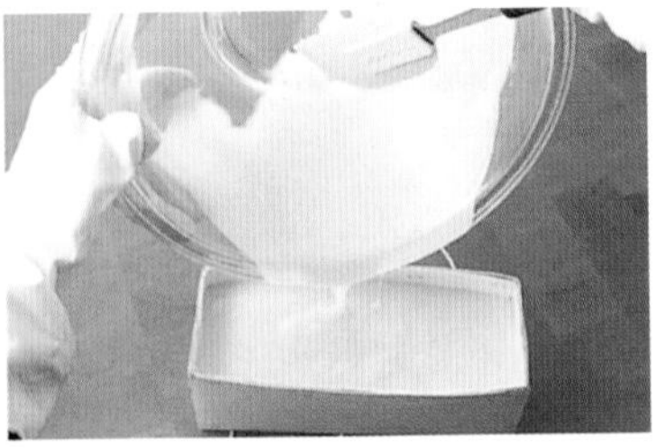

② 使用橡皮手套，把碗裏殘留的材料刮乾淨。

＊註：材料如果乾掉黏在碗的邊緣，就不要連這個部分也倒入模型，否則完成時會變得不均勻。

③ 因為材料的重量會使模型的中央鼓起，因此要用線綁緊來調整形狀。

7 放入保溫箱待凝固

要點

先前在碗裏慢慢進行的鹼化反應，現在在模型中一口氣進行。材料的溫度看來似乎已經下降，其實隨著鹼化，依然繼續自動發熱。此時，連模型一起放入保溫箱來促進熟成。

只要放置1天，奶油般柔軟的材料就會開始凝固。

① 把裝材料的模型放入保麗龍的保溫箱，放置1天。

＊註：如果沒有保麗龍箱，可使用普通的瓦楞紙箱，蓋上稍厚的毛毯來保溫。（參照插圖）

8 倒出模型、切開、乾燥

要點

在保溫箱放置1天，取出後至少要再放置1天乾燥，然後倒出模型。

拉模型的一端，如果能自然從模型中分離，就是最佳時機。雖因空氣的乾燥程度或氣溫的關係、季節等會有所差異，但橄欖油肥皂約需5天到1週間，馬賽肥皂約需3天到1週，最奢侈的肥皂則約需1天到3天。

從模型倒出的肥皂塊，如果直接用手碰觸可能會傷手，因此最好還是戴上橡皮手套來作業。如果戴橡皮手套會流汗而不方便，可改用棉線手套。

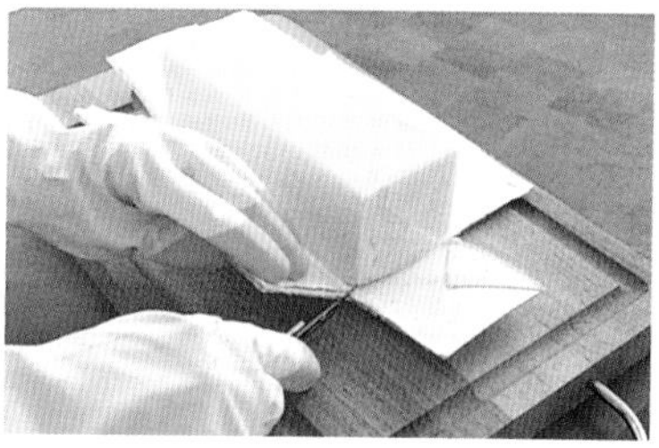

① 凝固到能從模型倒出的程度時，依作法或氣溫放置1天到1週乾燥，此時戴上橡皮手套或棉線手套，用切割器等切開模型，取出來乾燥。

＊註：肥皂裏面還很軟，因此小心不要弄壞形狀。

③ 置於陽光照不到的通風良好、乾燥的場所來熟成。超過熟成期間就完成。

熟成期間從倒入模型當天（作法的第6項）算起	
橄欖油肥皂	6週間
馬賽肥皂	4週間
最奢侈的肥皂	4週間

倒出模型和切開的秘訣

初秋到冬天空氣乾燥時，是最容易倒出模型的季節，但梅雨季或夏季炎熱時期，材料不易乾燥，因此有時不易整齊漂亮的倒出模型。

任何一種肥皂，如果最長等1週的時間還無法順利倒出模型，即使容易變形，還是要用小刀或切蛋糕刀，按住表面勉強從模型取出。一旦取出後，就會慢慢開始乾燥。

如果堅持不願弄壞形狀，就連模型一起放入冰箱冷凍1小時左右。待材料冷卻凝固後，就很容易從模型中取出。

不過這是利用急速冷卻來妨礙進行中的肥皂熟成，而且從冷凍庫取出後，表面會冒汗，對材料的油或完成的肥皂品質會有不良影響。

視乎你是著重表面的美觀還是使用時肥皂的品質，可從當時的狀況臨機應變，來選擇因應的方法。

如果想切得漂亮，就先用尺量好均等切開的厚度，用刀做上記號來切。切的時候把刀筆直向下壓來切，但切到一半時不能前後移動。

把刀筆直切到底時，用一手按住未切的部分，把刀拉向自己面前，切開的肥皂塊就會黏在刀刃而分離。接著再慢慢推向對面，這樣就能乾淨漂亮的切斷。

② 變成能用刀切開的硬度時（從模型取出當天算起的1、2天後），戴上橡皮手套或棉線手套，切成想要的大小。

＊註：製作馬賽肥皂時，如果想做成整條肥皂，此時就不要切開，直接在上面蓋上刻印。筆者使用的是在家庭生活用品店能買到的手工製門牌等工作用木製數字。因為買不到百分比的數字，所以把小型的數字8切開來和直線組合而成。除數字之外，也有英文字母、漢字等，因此可買到各種文字，依自己喜好來刻印。

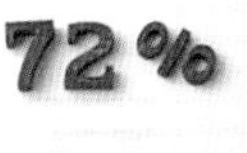

AVOCADO
WHEAT GERM
APRICOT KERNEL

中級篇

有關香味

如果要在自家製肥皂加上香味，
可使用天然的香料香精油。
所謂香精油，是萃取植物的花或葉、果皮、樹皮等
含揮發性的芳香成分而成的，
早在紀元前數千年就在世界各地被用於醫療或美容。
可在芳香療法的店裡買到。

香精油不僅種類多，各有其獨特的香味，
也具有抗菌作用或對疲倦的神經發生作用、並具護膚功能等各種效用。
如果用來添加肥皂的香味，不僅能享受香味，也能活用其效能。

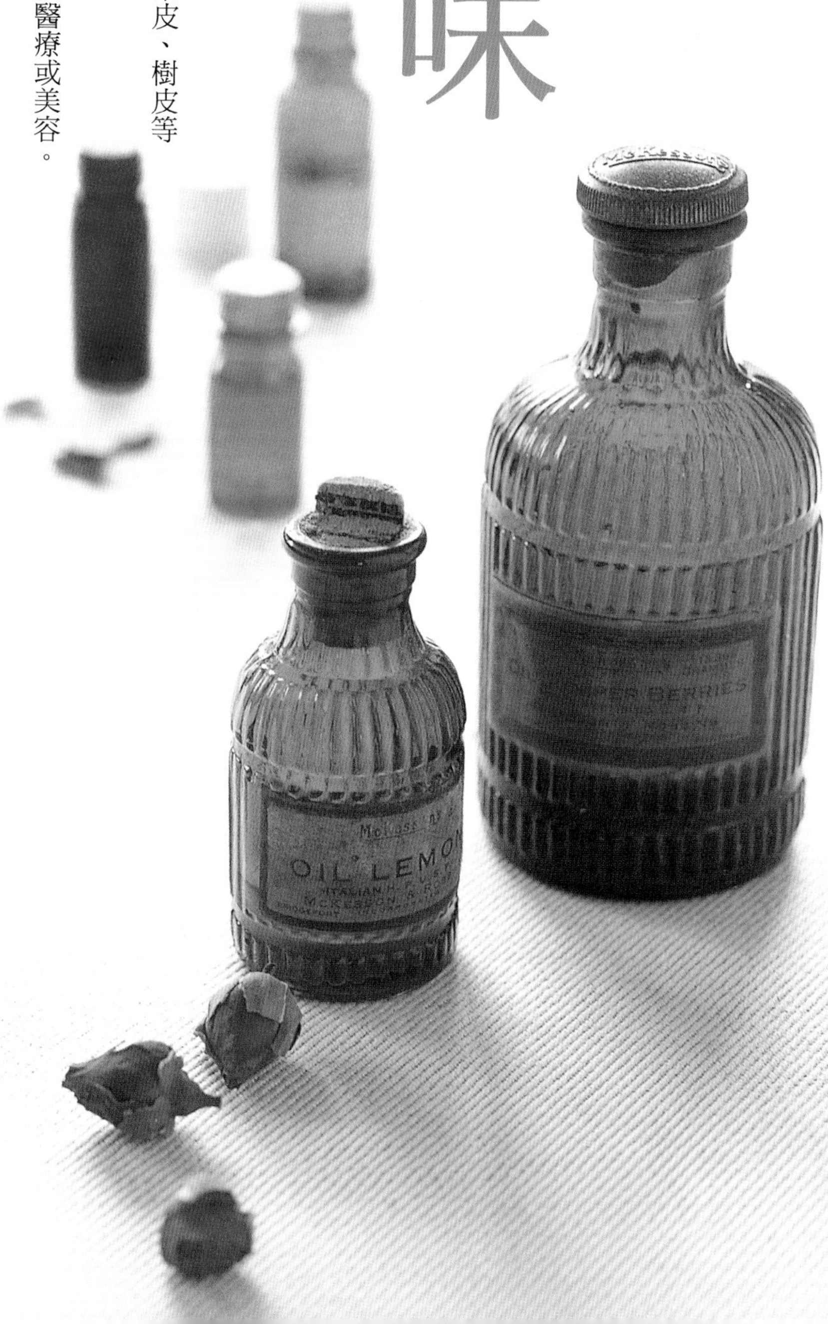

●如何在肥皂中添加香味

程序很簡單。製作肥皂的材料，在能倒入模型的時候，把香精油加入容器中的材料，用起泡器混合1、2分鐘即可，然後馬上倒入模型。

如果倒入模型後再加油，就不會均勻混合，因此必須在容器內先混合再倒入。

●香精油的份量

加入的份量上限是所有材料油和水分的量（苛性鈉除外）2％的量。如果加入超過2％以上，香精油就會分離。

以橄欖油肥皂的情形為例，**橄欖油500 cc和蒸餾水180 cc合起來680 cc的2％，亦即13.6 cc的香精油**是加入的上限。

香精油是1滴1滴來使用，裝在附有滴管的容器中出售。**1滴通常是0.05 cc**（依製造商有時不同，應事先向店家確認）。

如果要計算上述的13.6 cc相當於幾滴，就是272滴。依據這種計算，在下頁的上表整理出加在各肥皂的香精油的量，以供參考。

百分比表示添加香味的強度。

●香味的強度

歐美的肥皂，不論是使用合成香料或天然香精油，如果製成商品，通常是添加2％的香味為標準。

只要想到外國製香水肥皂的香味，大概就會了解是什麼強度。如果製成商品，放置久一點香味就會消散，因此有時會最大限度添加香味。

不過，自家製肥皂一做好就能使用，因此不必像商品般添加那麼強的香味。

請不要忘記不論是合成的香料或是安全性較高的天然香料，經常都有刺激皮膚的危險性。

我加入的香味通常是介於0.5％到0.7％之間。雖然有時會加到1％，但非常少有。

只要如此控制份量，使用任何油都從未在身上發生過問題，不過香精油的作用有何影響，個人差異很大，因此在購買時必須仔細確認所使用的油的效能及副作用。

香味和鹽非常類似，一旦習慣強烈的刺激後，感覺就會逐漸鈍化，無法識別淡而纖細的味道。

習慣市售品強烈香味的嗅覺，一開始雖會感覺有些不夠味，但與其逐漸增加使用的份量，不如逐漸減量來磨練嗅覺。製造1滴香精油，所需要的花或葉的量多到驚人。

建議事先思考把完成的肥皂搓起泡時，感受材料中所含的精油的香味和作用來調配看看。

●香味的組合

香精油與其單獨使用，不如組合多種來使用，這樣香味、效能才能互補，而提高效果。如分類表（43頁）所示，分成幾種類型，可挑選不同的類型來組合。

●分類表的使用方法

如果混合3種以上的香味，味道會更有深度，不過最好先從2種開始混合，等習慣後再逐漸增加種類，這樣才能正確了解每種油的特性。

在思考組合時，可依如下的順序來進行。

①思考希望製作有哪些效能的

加入各種肥皂的香精油份量

	0. 5%	0.7%	1%	2%
橄欖油肥皂	68滴	95滴	136滴	272滴
馬賽肥皂	94滴	132滴	188滴	376滴
最奢侈的肥皂	96滴	134滴	191滴	382滴

香精油的分類表

①效用別分類	
護膚	薰衣草、玫瑰、天竺葵、緬梔花、德國洋甘菊、橙花、依蘭依蘭、安息香、古巴香脂、檀香、香柏（雪松）、絲柏、廣藿香、迷迭香、馬鬱蘭、薄荷、乳香
抗菌	薰衣草、檸檬香茅、葡萄柚、佛手柑、柑橘、廣藿香、花梨木、沒藥
緩和緊張、放鬆	迷迭香、檸檬馬鞭草、甜橙、佛手柑、柑橘、花梨木、馬鬱蘭、快樂鼠尾草、乳香、沒藥、檀香、緬梔花
心情開朗、興奮感	玫瑰、天竺葵、茉莉、依蘭依蘭
提神、清爽感	檸檬、萊姆、薄荷、松、絲柏
肩酸、肌肉痛、關節炎	迷迭香、馬鬱蘭、杜松、樺木
②科別分類	
柑橘系	檸檬、甜橙、佛手柑、葡萄柚、萊姆、檸檬馬鞭草（Verbena）、檸檬香茅、柑橘
香草系	迷迭香、馬鬱蘭、薄荷、快樂鼠尾草
花卉系	橙花、薰衣草、玫瑰、天竺葵、依蘭依蘭、德國洋甘菊、茉莉、緬梔花
樹脂系	安息香、古巴香脂、乳香、沒藥、肉桂
木質系	松、檀香、香柏、廣藿香、花梨木、杜松、樺木、絲柏
③級別分類	
高級	檸檬、甜橙、佛手柑、葡萄柚、萊姆、檸檬馬鞭草（Verbena）、迷迭香、薄荷、尤加利
中級	薰衣草、玫瑰、天竺葵、德國洋甘菊、檸檬香茅、橙花、馬鬱蘭、快樂鼠尾草、緬梔花
基礎級	依蘭依蘭、茉莉、安息香、古巴香脂、乳香、沒藥、肉桂、松、檀香、香柏（雪松）、廣藿香、花梨木、杜松、樺木、絲柏

＊緬梔花 Frangipani（學名：Plumeria），別稱緬梔子、雞蛋花、印度素馨

肥皂，從效能別的分類表中選出1種香精油。

(效能別分類表)

②確認所選的香精油在科別的分類屬於哪一科的香精油。再回到上表來確認該油的效能。

(科別分類表)

③確認所選的2種香精油在級別的分類屬於哪一級。儘可能屬於別組較好，但如果不是重疊高級的，就不必特別更換。

(級別分類表)

*註：香味有高級、中級、基礎級等3種，組合時依照順序刺激嗅覺。但香味持久的順序則相反。因此如果只組合高級，做出來的肥皂香味消散得也比較快。

④如果想再增加種類，就反覆①、②、③的作業，想辦法選擇不同的類型來追加。

●先從這種類型開始使用

使用香精油製成的肥皂，香味、效能都極佳，但價格太高，材料費增加很多是缺點，應該有不少人有同感。

用來做為化妝水等的材料時，使用的份量少，因此買得下手，但使用在肥皂時，使用的份量就太多。

因在身體乳液方面的用途廣，價格比較適當，製成肥皂時有極佳的效果，因此介紹特別值得推薦的基本油。對初次使用香精油來製作肥皂的人來說，是容易嚐試的幾種香精油。

香味的世界，可能性無限，冒險嘗試會令人驚喜連連。各位何不以此為出發點，尋找自己中意的肥皂香味。

花卉系3種

薰衣草、天竺葵、赤素馨(布爾米尼亞)

肥皂加上花香很有人氣。清爽的薰衣草、能使心情開朗興奮的天竺葵、有滋潤華麗感的赤素馨(布爾米尼亞)。

以各個為主體來混合其他科的香精油，這3種花卉系以任何比例來組合都很搭配，不會失敗。

喜歡花香的人，可各以1比1或2比1的比例開始混合。這3種都屬於中級，因此香味持久。

薄荷油

在藥局能買到的薄荷油，是日本種的香精油。以往用來在水中加味。

也可用來做為家庭製牙膏的材料，其他還有各種不同的用途。如果喜歡薄荷系的香味，用來製作肥皂最好。比使用特涼薄荷油更香，藥局出售的油比在芳香療法店的價格便宜數倍。只要換裝在芳香療法店買來的附滴管空瓶，使用起來就方便許多。

如果想在花香中添加清爽感，可把前面介紹的各花卉系油和薄荷油以2比1的比例混合。任何組合都沒問題。

迷迭香

和薰衣草同為自古以來用途最多的香草，排名第一，是保養頭皮或頭髮不可少的油。不易單獨使用香味，但和薰衣草、薄荷、柑橘系的香味非常搭配。

和薰衣草以2比1的比例混合，和薄荷油及檸檬草以1比1比1的比例混合而成的香精油，香味非常清爽，請務必一試。

檸檬草(香茅)

柑橘系的香味很容易被人接受，在芳香療法店最有人氣的香味就是檸檬及柑橘等。

可是檸檬或柑橘屬於高級的香味，容易消散，如果添加到肥皂中一定要大量使用，否則就無法出現效果。

檸檬草也和檸檬或柑橘一樣，在香精油中價格適當，屬於中級，香味較持久，而且具有抗菌效能。

如果想把高級的薄荷系香味和柑橘系香味組合，建議使用檸檬草。

和花卉系的薰衣草、天竺葵、赤素馨等任何一種組合，都非常搭配。

木質系2種

香馥草、紅木

香馥草不僅有護膚的效能，對衣類的防蟲也有效果，因此是常用於洗衣用肥皂（參照64頁、Q10)的香精油。

這種清爽成熟的香味，和薄荷或柑橘系的香味也很搭配，稍微控制份量，以1比3左右的比例和花卉系混合，更能加深香味。

紅木有如玫瑰花般的香味，因此和花卉系任何一種、以任何比例混合都很適合。和薰衣草、天竺葵、赤素馨任何一種，以1比1或2比1的比例混合。和柑橘系、薄荷系的香味也很搭配。

香馥草、紅木都屬於基礎級，因此香味持久。

＊註：經過4週到6週的熟成期間後，不馬上使用的香味肥皂，請一個個用蠟紙包起來保管，以免香味消散。

有關顏色

在人工著色料出現之前，歐美傳統的肥皂顏色一般是採混合粉狀的香料，或是用香草煮汁代替水來製作。

如果想把著色做成花紋，就採把乾燥香草磨碎使用，或以原狀混合來使用。

相較於使用香精油所呈現無限香味的可能性，如果不使用人工著色料，就很難製作出多種顏色。

即使如此，使用往昔天然素材的作法所產生的柔和顏色，對看慣合成著色的質感均一肥皂的我們的眼睛來說，既新鮮又漂亮。

使用粉狀香料的方法

即使使用同一種香料，也未必會出現相同顏色。因為不同的製造商、產地或年度，香料的顏色也會不一。

改變使用的份量也會出現各種濃淡，請不妨一試。

可可

肉桂

作法

① 倒入模型時，用不鏽鋼大湯匙舀1匙份的材料，放入另外的碗裏。

② 加入**1/2小匙到2小匙左右**自己喜歡份量的香料，用湯匙攪拌均勻，以免黏成一團。

③ 倒回原來的碗裏，用起泡器攪拌混合後再倒入模型。

＊註：如果加1小匙以上的香料，使用時毛巾會染上顏色。在歐美沐浴時習慣不使用毛巾，因此加入很多香料製成的顏色非常濃的肥皂很受歡迎，不過這種顏色用水能沖洗掉，如果在意毛巾染色就少用一些。

紅辣椒粉

薑黃

使用菠菜……

如果使用和苜宿一樣含豐富葉綠素原料的菠菜，就能製作出漂亮的綠色肥皂。

葉綠素有除臭效果，菠菜所含的葫蘿蔔素有助於修復傷口，因此在運動流汗後或磨破膝蓋時最適合使用這種肥皂。

如果用香味太精緻的香精油，除臭效果就無法完全顯現出來，只要使用薄荷油1種，就能和葉綠素的香味完全融合在一起。

葉綠素如果照射到陽光，會逐漸褪色，因此一超過熟成期間，就放入罐子保管，以免受光，並儘早使用。

菠菜

作法

① 除去一把菠菜的根，把葉和莖清洗乾淨。

② **把250cc的蒸餾水和①放**入果汁機打成汁，用咖啡過濾器過濾。

③ 使用必要量的菠菜汁來代替蒸餾水，做為肥皂的材料。

使用咖啡……

咖啡有除臭效果，做為假日木工或洗車、廚房工作後洗手用肥皂很受歡迎。完成的肥皂呈現咖啡色的厚重感。除臭效果高，香味強，建議不要再加香料。

作法

① **磨碎40公克到50公克的咖啡豆，注入300cc熱開水沖泡成濃咖啡。**

② 使用必要量的咖啡來代替蒸餾水，**做為肥皂的材料。**

咖啡

活用油色的方法

呈現油本身美麗天然顏色的有太白芝麻油的淡粉紅色、紅棕櫚油(商品名稱為CAROTINO)的鮮橙色。

有關作法和效能，請參照「製作真正好肥皂的油之知識」的90頁，以及「自創肥皂的作法」的101頁。

太白芝麻油

紅棕櫚油

使用乾燥香草呈現花紋的方法

混合乾燥香草，能製作出有可愛花紋的肥皂。

黃色或紅色、茶色的香草能呈現出原色，但荷蘭芹等綠色乾燥香草或薰衣草、玫瑰的花瓣等，就會受到苛性鈉的影響而變成茶色或黑色。

插圖是推薦的4種。乾燥香草能在芳香療法店中買到。

在倒入模型時，以碗裏的材料為基準，加入1大匙乾燥香草，混合均勻後再倒入模型。甘菊只使用花瓣，玫瑰花蕾則請磨細使用。

甘菊

萬壽菊

紅花

玫瑰花蕾

有關效能

有幾種天然素材，只要加入肥皂中，就能發揮特別的效能。

往昔在歐美經常用來保濕的素材有蜂蜜、紅糖汁、蛋和牛奶等。

米糠、杏仁豆腐的材料杏仁粉，或民族料理的食材椰子粉，都是能輕易取得的效果高的材料。

用來磨砂的燕麥，或柚子、柑橘、檸檬等柑橘類的皮。羊栖菜或泥土等。其他還有製作用來治療燙傷或炎症、皮膚粗糙等毛病的肥皂，香草精或蘆薈都是很有人氣的材料。

效能另當別論，但只要混合各種素材就能製成有趣顏色及質感的肥皂。

有關蛋肥皂和牛奶肥皂將特別介紹，請參照55頁。

摩擦粒子（磨砂）

燕麥片

柚子

玉米粒

羊栖菜

- **燕麥片肥皂**
- **柚子肥皂**
- **玉米粒肥皂**
- **羊栖菜肥皂**

作法

素材是乾燥的，磨碎後再使用 (玉米粒可直接使用)。使用乾燥的材料時，先把蒸餾水的量多加30cc來混合材料。

在倒入模型前，把**1大匙到2大匙以上的材料**加到容器中的材料，用起泡器攪拌混合後再倒入模型中。

＊註：材料如果太軟，摩擦的粒子會沉澱，因此必須看準放入材料的時機。

保濕

插圖左上起為蜂蜜、紅糖汁、米糠、杏仁粉、椰奶粉

- **蜂蜜肥皂**
- **紅糖汁肥皂**

作法

在倒入模型前，把事先隔水加熱變軟能流動的**半大匙到2小匙的蜂蜜**，加到容器中的材料，用起泡器攪拌混合後再倒入模型中。

- **米糠肥皂**
- **杏仁粉肥皂**
- **椰奶粉肥皂**

米糠

作法

在倒入模型前，先用不鏽鋼湯匙舀出1匙份容器中的材料，倒入其他容器，加**1大匙到2大匙以上的材料**，用湯匙攪拌混合。混合後，加到原來容器的材料中，用起泡器攪拌混合後再倒入模型中。

濕疹或皮膚粗糙的保養

●薰衣草和迷迭香香精肥皂
●甘菊香精肥皂

薰衣草和迷迭香

甘菊

作法

把**2大匙的乾燥香草**放入耐熱玻璃瓶，倒入**300cc**的熱水，蓋上蓋子，待其自然冷卻。然後把香草過濾並擰乾。用這種香精代替蒸餾水，把相同的水量加在基本材料中。

●蘆薈肥皂

作法

使用在藥局或健康食品店能買到的乾燥純蘆薈粉末。倒入模型前，用不鏽鋼湯匙舀出1匙份容器中的材料，倒入其他容器，加入**2小匙到1大匙的蘆薈粉末**，用湯匙攪拌混合。混合後，加到原來容器的材料中。用起泡器攪拌混合後再倒入模型中。

＊註：另一種混合材料的方法是，把從新鮮蘆薈葉內部的凝膠榨出的汁和蒸餾水各半混合。這種方法製作出來的肥皂雖然對皮膚也溫和，但對皮膚粗糙的效果卻不如粉末製作成的。

這和藥局出售的蘆薈軟膏的濃度一樣，都是以相同程度的蘆薈粉末調配而成的。

●黏土肥皂

拉蘇爾 (音譯)、蒙脫石 (完成後呈現大理石花紋)、高嶺土

作法

倒入模型前，用不鏽鋼湯匙舀出1匙份容器中的材料，倒入其他容器，加入**1大匙的黏土**，用湯匙攪拌混合。混合後，加到原來容器的材料中，用起泡器攪拌混合後再倒入模型。

＊註：因黏土具有吸附力，所以黏土肥皂能徹底去除污垢。最適合油性皮膚、夏季用或做完庭院工作後的去污；對乾性皮膚而言，有時可能作用太強，因此請注意。拉蘇爾（卡蘇爾）作用最強，較溫和的依序是蒙脫石、高嶺土。

拉蘇爾

蒙脫石
(完成後呈現大理石花紋)

高嶺土

薰衣草和迷迭香洗髮皂、

甘菊和檸檬洗髮皂

迷迭香是能使頭髮有光澤和彈性，且刺激毛根來促進發毛的香草。

如果和能調整皮脂線活動、保護頭皮的薰衣草組合，加上大家熟知能使黑髮有光澤的保濕成分紅糖汁，就能製作出具有更清爽高雅絕妙香味的洗髮用肥皂。

甘菊能為明亮色頭髮帶來更高效果，因而受到愛用。

蜂蜜也有溫和的自然漂白作用，常和甘菊組合用於明亮髮色的護髮。

甘菊和蜂蜜有抑制皮膚炎症、溫和保護皮膚的護膚效能，因此建議使用在溫和的浴用肥皂上。

作法

薰衣草和迷迭香洗髮皂

1. 把乾燥香草**薰衣草1又1/2大匙、迷迭香1/2大匙**放入有蓋子的玻璃容器，注入300cc熱開水，蓋緊蓋子待其自然冷卻。冷卻後過濾、擰乾，量取250cc的香草精。
2. 使用香草精代替精製水，做為馬賽肥皂的材料。
3. 在倒入模型前，把隔水加熱的**紅糖汁20cc**，加在容器的材料中，用起泡器混合均勻。
4. 加入香精油 (**薰衣草64滴、迷迭香32滴、檸檬32滴**)，混合均勻後再倒入模型。

作法

甘菊和檸檬洗髮皂

1. 把乾燥香草**德國甘菊2大匙**放入有蓋子的玻璃容器，注入300cc熱開水，蓋緊蓋子待其自然冷卻。冷卻後過濾、擰乾，量取250cc的香草精。
2. 使用香草精代替精製水，做為馬賽肥皂的材料。
3. 在倒入模型前，把隔水加熱變軟的**蜂蜜20cc**，加在容器的材料中，用起泡器混合均勻。
4. 加入香精油 (**檸檬200滴**)，混合均勻後再倒入模型。

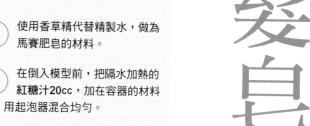

蛋肥皂、牛奶肥皂

在材料中加入剛生出的新鮮雞蛋或剛擠出來的牛奶，就能製作出有絕佳保濕力的肥皂。

這是在北美的農場流傳下來的傳統做法。

蛋肥皂是漂亮的蛋色，牛奶肥皂是淡雅的牛奶色，二種看起來都很可口。

在空氣乾燥的季節用來沐浴，就能感受到肌膚潤澤。熟成期間中雖會發出蛋或牛奶的怪味，但熟成一結束就會消失而聞不出來。如果想添加香味，最好強烈一點。

以橄欖油肥皂、馬賽肥皂任何一種做法都能製作出來。如果再添加燕麥成磨砂，就能製作出最適合在庭園工作或下田工作後使用的所謂「園丁肥皂」。

牛奶肥皂

作法

1. 精製水的量是基本的一半，做為肥皂的材料（如果橄欖油肥皂是90cc，馬賽肥皂是125cc）。
2. 等到把材料倒入模型的時機，就把剩餘半量的牛奶（橄欖油肥皂是90cc，馬賽肥皂是125cc）一點一點加入材料中，用起泡器混合均勻。
3. 依自己的喜好加入（橄欖肥皂是薰衣草48滴、薄荷24滴；馬賽肥皂是薰衣草64滴、薄荷32滴）攪拌混合後，倒入模具。

蛋肥皂

作法

1. 先準備苛性鈉水溶液。
2. 把份量的油隔水加熱至38℃到40℃，倒入有注口的容器備用。
3. 如果是橄欖油肥皂，就在容器中準備1個大蛋黃，如果是馬賽肥皂，就在容器中準備2個小蛋黃。記得去掉薄皮。邊如絲般一點一點加入2的油，邊用起泡器攪拌混合來製作蛋油（參照插圖）。

＊註－油的溫度如果太高，蛋黃會凝固，因此請注意。

4. 接著就和一般肥皂的材料做法一樣
5. 在倒入模型前，依個人喜好加入香精油(橄欖油肥皂是香馥草36滴、薄荷油36滴。馬賽肥皂是香馥草48滴、薄荷油48滴)，攪拌混合後再倒入模型。

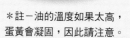

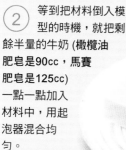

心血來潮時製作與眾不同的肥皂

我不太喜歡費時費事的事情，
因此並非一開始就想特地製作外表與眾不同的肥皂。
其實我所製作所謂與眾不同的肥皂，
其實多半是剩餘材料的再利用或把失敗的材料改頭換面再度合成。
做法都非常單純。
當對製作肥皂越來越感興趣，而有剩下的肥皂屑時，
不妨想辦法變個花樣再加利用，也不失為一種樂趣。

馬賽克

只要有幾種做好的肥皂就能製作。在與眾不同的肥皂中，這是最簡單也是效果最大的肥皂。

　每切一刀都會讓人驚奇，興奮不已，雖然一種肥皂中只使用二、三種香精油，但混合不同種類的肥皂，故會產生新而豪華的香味，也是一大樂趣。

咖啡底加菠菜和
紅棕櫚油、白棕櫚油

白底加紅辣椒和蛋

白底加可可和紅
辣椒、薰衣草、
迷迭香精、蛋

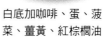

白底加白芝麻油
和泥土

作法

① 把想要使用的幾種肥皂亂切或切塊（參照插圖）。

② 準備做為底色的肥皂材料，在倒入模型前，先把①的材料放入容器，用橡皮刮刀迅速混合後倒入模型。

＊註：先分數次並排放置在模型中，然後一點一點倒入材料（參照插圖）。右圖是以這種方法製作的肥皂。

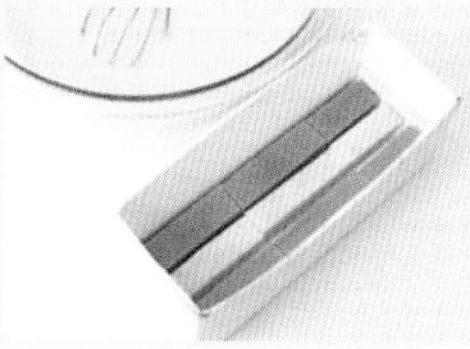

白底加咖啡、蛋、菠
菜、薑黃、紅棕櫚油

菠菜底加蛋

雪花繽紛

製作出顏色鮮豔的肥皂後，在最後整理形狀時切掉邊緣，把所切下的肥皂屑留下來，當儲存到一定量時，就能製作雪花繽紛的肥皂。和馬賽克的作法完全一樣。

作法

① 把切薄的肥皂再切細(參照插圖)。

② 準備做為底色的肥皂材料，在倒入模型前把①的材料放入容器，用橡皮刮刀迅速混合後倒入模型。

橘子肥皂、球形肥皂

某次我量錯水量，製作自己喜歡的陽光皂（作法參照104頁）時水量略少，從保溫箱取出時表面出現裂痕，突然覺得「算了，乾脆搓成球形好了！」因此誕生了自創的橘子肥皂。如果喜歡球形肥皂，可一開始就做成球形。因為並無規定肥皂必須是什麼形狀。

作法

① 把模型切開，取出裏面的材料時，先分切成自己喜歡的大小，然後搓成球形。

② 放在曬不到陽光、通風良好的場所來熟成。

＊註：搓成球形時，不要忘記戴上橡皮手套。橘子肥皂搓好後，在頂端放上真正的橘子蒂，就更可愛而有趣。

橘子肥皂

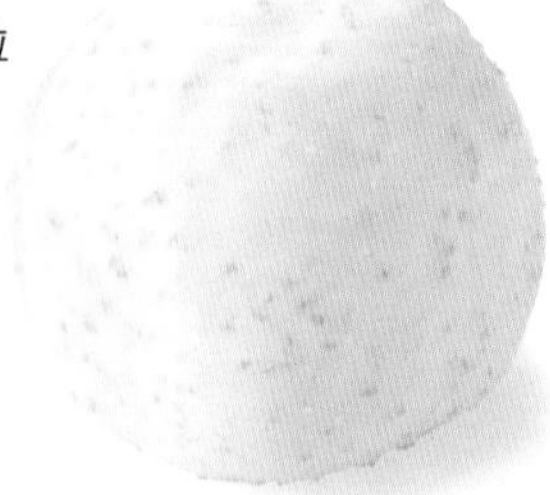

球形肥皂
含玉米粒

球形肥皂
含杏仁粉

大理石肥皂

大理石花紋的肥皂很受歡迎，因此偶爾可做為贈禮用製作。建議使用香料或泥土。只要使用烘烤圓形海綿蛋糕時使用的耐油紙當作模型，就能製作出被誤以為雲石餅的大理石肥皂。

作法

① 把材料倒入模型前，先用不鏽鋼大湯匙舀出1匙份，放入另外的容器中，加入份量的辣椒粉或泥土混合。

② 把著色的材料倒回原來的容器，用起泡器迅速混合後倒入模型。秘訣是不要混合過度。

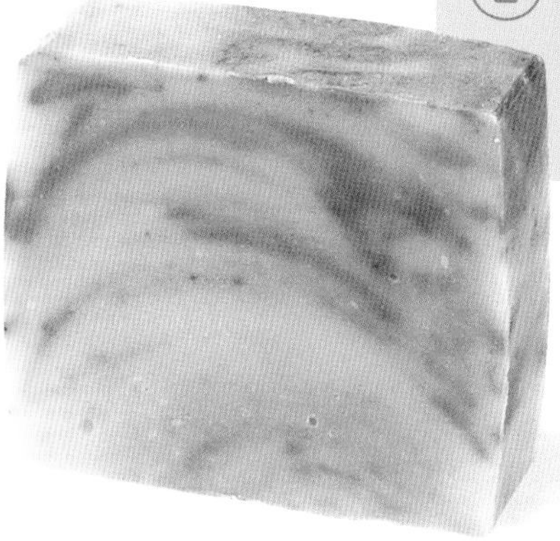

白底加紅辣椒

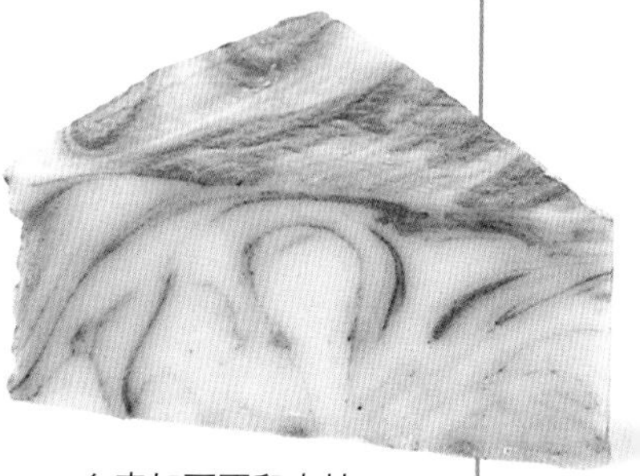

白底加可可和肉桂

三色旗肥皂

這是與眾不同的肥皂中最費事的，因此只有朋友堅持要我才會製作。倒入、凝固，再倒入、凝固，再次倒入、凝固。雖然麻煩，但送人時必定會讓人非常驚喜。

做成三層比較難，兩層就比較簡單。如56頁插圖般，只要使用烘烤圓形海綿蛋糕時使用的耐油紙當作模型做成兩層，就能做出層糕（56頁是把白芝麻油的粉紅色底重疊白底而成）。

白底加可可和肉桂

紅棕櫚油、白底、菠菜

咖啡、紅棕櫚油、蛋

作法

① 把材料倒入模型的1/3，放入保溫箱待其凝固。

② 翌日，把不同顏色的材料倒入模型的2/3，再放入保溫箱待其凝固（參照插圖）。

③ 第三天，倒入第3種顏色的材料，同樣放入保溫箱待其凝固。

＊註：模型僅能倒入各1/3的量，因此剩餘的材料就倒入別的模型，製作小型肥皂，或把其他顏色的肥皂做成塊狀，加在一起做成馬賽克肥皂。

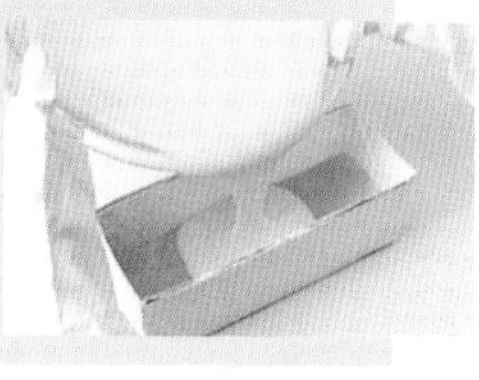

手工肥皂 Q&A

Q1 製作完肥皂後的用具如何處理？

A 裝苛性鈉水溶液的玻璃容器、攪拌用的串燒棒或長筷、混合材料的碗、起泡器、橡皮刮刀等，使用完畢後當然要清洗乾淨。

在用水清洗前，戴上橡皮手套，先用舊報紙等擦拭用具中殘留的少許肥皂材料，然後裝入塑膠袋，封口後丟棄。

準備清洗製作肥皂用具的專用海綿。而且不要忘記清洗時要戴橡皮手套。之後再用一般洗廚房肥皂清洗即可，只要充分洗淨就不會有問題。如果感到不放心，可再洗一次。洗乾淨的用具（長筷除外）也可在一般烹調時使用。

Q2 把肥皂的材料倒入模型後的放置期間，表面有時會冒水滴……

A 沒錯，看起來就如同肥皂在冒汗，但這種水滴並不是從肥皂的材料中流出來的，而是吸入空氣中的水分所致。

在手工肥皂的材料中自然含有的充分甘油，有吸收空氣中水分的性質。因此才說甘油有保濕效果。

放置中的肥皂如果冒汗，可用衛生紙等輕輕擦拭。水滴的量依空氣的乾燥度而異，因此在梅雨季或夏季會增多，秋冬則變少。

肥皂的材料冒汗，正好是脂肪酸和苛性鈉迅速反應、不斷努力想變成肥皂的期間，因此當我看到冒汗時，就會想：

「很好，繼續努力吧！」，「原來肥皂也是活的，應該小心翼翼的培育」，因此我替它們擦汗時也樂在其中。

Q3 把肥皂的材料倒入模型後放置的期間，表面會出現白粉，這是什麼東西？

A 這是肥皂在乾燥時，接觸空氣的部分形成的薄薄一層。以前曾聽說：「這是刺激皮膚的碳酸鈉，因此非切除不可」，其實並不是什麼特殊的物質，只不過是肥皂粉而已。看起來雖不美觀，但使用起來沒有任何問題。

如果是初次送人，我會事先在冒粉的部分表面薄薄切除1、2㎜，免得不明究理的人看到可能會以為是長霉，覺得很噁心，這樣辛辛苦苦做出來的肥皂被人嫌棄，那就太不值得了。

不過，若是再度或數度送給已經對手工肥皂產生好感，不再使用其他市售肥皂的人，就可明說：「這種白粉只是肥皂粉，不必擔心」，我自己也是原樣使用。而且只要使用過一次就會消失了。

在家使用時，如果對這個部分看不順眼，可薄薄切去一層，然後和用剩的肥皂搓成一團，用來當作洗衣肥皂，作法請參照Q10。

Q4 容器中的材料不易凝固時，該怎麼辦？

A 如果早已超過倒入模型的基準時間，材料卻遲遲不變成能倒入模型的狀態，可能有三種原因。

第一是弄錯材料的份量。很遺憾，這種情形只有參考Q5。

另一種是使用起泡器的混合方法太慢。此時不要著急，耐心再等一天，應該就會變成能倒入模型的狀態。

最後一種是在非常寒冷的地方製作材料、放置。在作法一項已經說明，鹼化（皂化）的反應進展時，材料會自動發熱。

氣溫降至10℃以下時，材料一冷卻，反應的速度就會變得很慢。這種情形只要耐心等待，能倒入模型的狀態必會到來，請放心。

如果事先考慮到容易製作的問題，10℃以下的寒冷場所就不太適合製作肥皂，因此在製作肥皂前，儘可能先提高室內的溫度再開始。

Q5 做失敗的材料如何處理？

A 只要份量和溫度管理、倒入模型的時機無誤，肥皂應該不會失敗，但還是可能因某種原因不免發生量錯而加太多精製水或油，或苛性鈉太少的情形。

如此一來，材料就會一直處在分離的狀態，無法混合在一起，永遠不能倒入模型。

至此地步，那就沒救了。

但容器中所裝的是如煮沸的炸油般危險的物品，因此千萬不可胡亂丟棄。

絕對不能倒入排水管中。應戴上橡皮手套，注意不要濺出來，用不鏽鋼大湯匙一點一點把分離的材料舀到塞入舊報紙或爛抹布的牛奶盒中，再用釘書機或膠帶封好。為避免在垃圾回收時萬一飛散出來，必須讓材料完全滲透入舊報紙，確定絕對不會漏出或濺出後，再用爛抹布或舊報紙包幾層，以可燃性垃圾丟棄。

如果量錯苛性鈉的份量而加太多，不致造成不凝固的悲劇。可是在4週到6週的熟成期間中，不僅接觸空氣的面會冒出白粉，所有面都會冒出雪白的粉，變成石頭那麼硬。因此在超過熟成期間後，用手指輕輕碰觸時會感到有刺激感。

這種情形對皮膚的刺激太強，不能使用，因此切勿用手去觸摸。應戴上橡皮手套，用舊報紙包幾層，裝入垃圾袋，封好袋口，以可燃性垃圾丟棄。

溫度管理稍差，並不會發生做不出來的情形。只不過鹼化進展太慢，可能會多花數小時，但最終一定會變成肥皂。總之，重要的是不要弄錯份量。

Q6 做好的肥皂能否使用，看得出來嗎？

A 只要份量沒錯，依照做法製作，應該能製作出可使用的肥皂。

不過，如果倒入模型的時機不對，苛性鈉水溶液和油混合的方法不均勻，有時也會做得不太理想，因此請注意。

首先看看切口。完成度高的肥皂，切口柔和，從上到下的硬度均等。

如果上方較軟、下方較硬，就表示太早倒入模型，使油份偏向上方所致。

這種情形，下方的鹼性度較強，因此最好不要使用。

另也有出現小氣泡的情形。雖然苛性鈉的份量沒錯，但在氣泡內側卻冒出白粉，這可能是在初期階段油和苛性鈉混合時，混合得不均勻所致。

如果只有數個小氣泡，雖稱不上是好肥皂，但只要把熟成期間延長一倍，去除氣泡的部分，還是可以使用。但如果氣泡大，數目又多，最好不要使用。

如果氣泡內側沒有白粉，顏色和肥皂的底色相同，就是在倒入模型時混入空氣而已，完全不必擔心。

有些情形是肥皂出現裂痕或白色粉狀的東西。

這是因水的份量少，或油和苛性鈉混合時的溫度過高，或攪拌混合材料時用力過度，在保溫箱內的溫度一直升高，鹼化的速度加快所致。

雖然看起來不美觀，只要苛性鈉的份量無誤，就可以使用。如果在意裂痕或顏色不均勻，可趁材料尚柔軟時搓成球形，這也是一種變通方法。

Q7 按照這種作法製作出來的肥皂，PH值是多少？

A 本書所介紹的肥皂作法，是在熟成期間結束時，用PH試紙(石蕊試紙)來檢查，「橄欖油肥皂」的PH值(表示酸性、鹼性的數值)是9，「馬賽肥皂」和「最奢侈的肥皂」是8。「橄欖油肥皂」放置3個月左右，應該就會接近8。

試紙的酸性是0到6，中性是7，鹼性是8到14。

市售的肥皂PH值通常是10，因此比起市售肥皂，這種自家製肥皂是非常溫和的肥皂。

肥皂是利用鹼性來去除污垢，對眼睛原本有刺激性。

如果「比以往使用的肥皂或洗面乳對眼睛的刺激更大」，所使用的其實就不是「肥

PH試紙 (石蕊試紙)

皂」，可能是合成界面活性劑。

市面上也有出售雖然不是肥皂的形狀，但在化學上並非肥皂弱酸性的洗淨劑，標榜對皮膚溫和。可是皮膚具備天然的中和能力，因此使用PH8或9非常溫和的弱鹼性肥皂，完全沒有任何問題。在一般認為對皮膚病有益的溫泉水中，多半是鹼泉，由此可知，對洗淨劑是否為弱酸性，其實不必太過神經質。

手工肥皂的情形並非僅靠鹼性來去污，也靠充分含有的天然甘油或過剩油脂的效能，因此即使PH值低，也不會對皮膚造成負擔，能充分發揮洗淨力。

如果想確認自己製作的肥皂的PH值，可使用在化學用品店或文具行等購買的PH試紙來檢測。就像平時使用肥皂時一樣，用手搓起泡，把試紙條泡在泡沫中來觀察顏色，和試紙的樣本比較，一眼就能看出實際使用這種肥皂時的PH值。

在熟成期間剛過，如果「橄欖油肥皂」是9，「馬賽肥皂」和「最奢侈的肥皂」是8，就表示混合方法均勻，肥皂的完成度高。

如果「橄欖油肥皂」比9稍高，或「馬賽肥皂」是8.5左右，只要數值在10以下，就不必擔心使用上的問題

因此，即使混合方法稍微不均勻，只要份量無誤，以所介紹的作法製作出來的肥皂，放久一點最後還是會穩定在8。

Q8 剛做好的肥皂，使用起來好像很快就變少…

A 剛做好的肥皂，使用起來好像很快就變少，以致在一開始使用時會感到很訝異。

所謂4週到6週，就是鹼化(皂化)的反應結束，變成對肌膚溫和狀態的期間，亦即使用前的期間，但從乾燥這點來說，其實可以再放久一點。

經過2、3個月後，多餘的水分會飛散而變得緊實，此時就不會溶化太快而覺得很快就變少。對肌膚的觸感也變得比較好。

就如食物有最適合吃的時候一樣，肥皂也有最適合使用的時候，如果是混合各種油的作法，就是2個月，僅使用橄欖油製作的肥皂則是3個月左右。

不過一般人大概都不會等那麼久才使用。通常第一個做好的肥皂，一做好就等不及要使用看看。

其實做好的肥皂越後面用，使用起來會覺得越來越好，你不認為這也是一種樂趣嗎？

Q9 在使用中，肥皂會溶化而變形…

A 依照所介紹的作法製作的手工肥皂，主要原料是橄欖油。因此含有多量甘油或角鯊烯等保濕成分。

在使用中肥皂的表面會出現透明的黏稠物，這就是保濕成分。

這種物質對皮膚非常有益，但這種肥皂成分以外的保濕成分，也是使肥皂溶化變形的原因。這種手工肥皂和一般

的「肥皂」不同，這是肥皂和高級化妝水或乳液混合而成的東西。

甘油有吸收空氣中水分的性質，因此在溼氣大的季節，在浴室中特別容易溶化。

此時，可先把水分瀝乾再使用。

Q10 溶化或變小的肥皂有更好的用途嗎？

A 變軟而不好用的肥皂，反而不必擔心瀝乾水分，最簡便的方法是裝入小罐或小盒，像使用肥皂乳一樣使用即可。因為即使溶化，仍然是高級的洗面乳。

另一種簡便的用法是用舊牙刷沾上肥皂，刷洗打濕襯衫的衣領或袖口，再放入洗衣機來清洗。

這種方法特別容易去除白色棉製品上的黑色污垢。最適合清洗手洗的絲質內衣褲，但勿使用刷子刷洗。

以橄欖油為主要原料製作的手工肥皂，相較於去除甘油的市售肥皂或以牛脂為主要原料的肥皂，即使變小、出現裂痕，也不會發生不起泡的情形，仍具有去污力。

但如果用到拿在手上也不好搓那麼小，就不要勉強使用，可和切割肥皂剩下的屑一起收集起來，待儲存到一定量時，就能製作**洗衣肥皂**。洗衣肥皂依用途也有好幾種作法，以下介紹最簡便的古法。

這是自古以來就有的飴色洗衣肥皂，稱之為肥皂凍。

把切碎的肥皂屑150公克放入耐熱容器或玻璃碗。注入**600cc的熱開水**，蓋上蓋子(如果沒有蓋子，就用保鮮膜覆蓋)，放置1晚。翌晨就完成了。如果未完全溶化，就以隔水加熱方式來溶化。

在炎炎夏日是液體狀，因此可裝入噴壺或小口瓶來使用，但如果氣溫下降就會凝固成果凍狀，因此裝入廣口瓶保存就很容易處理。

添加薄荷油（或具有衣類防蟲效果的香馥草精油）20滴混合，就會有香味。

雖然依洗滌物的量而有不同，但一次洗滌使用半杯到1杯即可。

Q11 製作肥皂有最適合的季節嗎？

A 之前已說過，苛性鈉有吸收空氣中水分而變成黏稠的性質，因此在濕氣大的季節就不易處理。

此外，放置肥皂時，乾燥進展會變慢，因此在梅雨季也不太適合製作肥皂。

椰子油或棕櫚油在夏季不必溶化，幾乎都是液體的狀態，材料的溫度在室溫也不易下降，從這點來說容易製作，可是夏季溼氣很大，而且在氣溫高的地方熟成的肥皂比較不耐用，因此稍微有問題。

在一年中最適合製作肥皂的季節，是從初秋到初冬，以及晚冬到春天。

亦即，空氣乾燥，室溫不太高或不太低最佳。

大致的基準是把做好的材料取出保溫箱前的氣溫不要低於10℃，熟成期間中的氣溫不要高於30℃，溼度不要低於70%。

如果在有冷暖氣的室內製作肥皂，因能控制室溫或溼氣，當然就不必特別挑選季節。

Q12 請教有關肥皂的保存。

A 含充分甘油的手工肥皂，如果在保管中不小心，就會吸收空氣中的水分而冒汗。

熟成結束時，不使用的肥皂就裝入有乾燥劑的罐子，置於陽光照不到的陰暗處保存。

木箱的素材會吸收溼氣，因此很適合做為保管箱。葫蘿蔔素或葉綠素受光會褪色，因此紅棕櫚油或菠菜肥皂就必須特別遮光。

依地區、生活方式、室內的溫度或溼度，都會有差異，因此不能一概而論，但未添加保存劑（如防腐劑之類）所製作的自家製肥皂，我以這種方式放置一年也不會變色，因此應該沒有問題。

如夏威夷油（參照93頁）般對肌膚的效能雖好，但以不耐久的油製成的上等肥皂，若要長時間保存，還是要放入密閉容器，在冷藏庫保管。為使辛苦製作的肥皂能長久保存，應依氣候條件等在冷藏庫保管。

Q13 變色的肥皂能不能使用？

A 如果要充分享受新鮮的油的原味，就要在變色前用完。但肥皂如果帶黃色或茶色，並不表示就不能使用。

往昔如橄欖油肥皂等，即使顏色已經變成茶色，出現強烈的怪味，反而被視為是熟成進展的溫和肥皂（亦即，PH值逐漸下降所致）而受到珍惜。

本書所介紹的三種基本肥皂，是以油酸（77頁）多的橄欖油為主要原料，如果是以椰子油、棕櫚油為主的肥皂，只要不在意其顏色或香味的變化，經過數年還是能使用。

不過，使用菠菜或紅棕櫚油製作的肥皂，色素會迅速氧化，因此必須在一年內用完。

但如果是使用混合亞油酸和亞麻酸（77頁）比例很高的油製作的肥皂，嚴重變色還使用，有時過氧化脂質會刺激皮膚而發癢。因此如果使用這種容易氧化的油來製作肥皂，就要在尚未變色前及早用完，或在冷藏庫保管。

Q14 手工肥皂能卸妝嗎？

A 因為含充分的甘油，能去除油溶性污垢、水溶性污垢，因此已推翻「肥皂不耐油污」的說法，也能清除嚴重的油污，這是手工肥皂的一大特徵。

而且甘油有保濕成分，對肌膚非常溫和，用來卸妝再適合不過，請放心使用。

Q15 材料的油如果超過有效期限也沒問題嗎？

A 最好使用有效期限內的新鮮油。

但如果使用橄欖油、茶花油、夏威夷堅果、榛子油、椰子油、棕櫚油，即使超過有效期限，做成肥皂仍可使用。若使用杏仁油、麻油、米糠油等，就必須在有效期間內使用。

Q16 據說有一種在肥皂材料中加少量好油製作的「過脂肪肥皂」，請問這是何種肥皂？

A 在市售高級肥皂的作法中，所調配的椰子油或棕櫚油比橄欖油多，(如果做成肥皂當作商品出售，在成本上自然會變成如此)，此外，為使肥皂耐用，讓鹼化率（參照103頁）變成100%，在倒入模型時添加少量對肌膚有益的上等油，這種作法就是所謂的「過脂肪肥皂」。

這是因為如果大量使用好油，完成的肥皂就會非常昂貴，因此儘量控制成本，但如果要提高保濕力，又要加上附加價值，這是極為有效的作法。

在家製作手工肥皂時如果應用這種作法，譬如若要製作「馬賽肥皂」來取代「最奢侈的肥皂」，在把做好的材料倒入模型前，先將一大匙的荷荷巴油加在容器中的材料，混合後再倒入模型，這種作法就能簡單提升肥皂的等級。這樣比一開始就製作「最奢侈的肥皂」更為經濟。夏威夷堅果油等用相同作法也有效果。

不過，大幅左右油的好壞的條件之一是有用的不鹼化物(油中原來就含有，但本身不會變成肥皂，在完成的肥皂中以不變的形態溶化在其中的成分)的量(有關不鹼化物，詳情請參照73頁)，因此，一開始就在材料中加入多量好油的肥皂，和之後再加入少量好油的肥皂，肥皂中不鹼化物的量完全不同，因此在使用感覺上自然也有所不同。

肥皂的品質依油的使用方法而有各種變化。因此建議了解油的性質，嘗試各種作法，再找出自己最滿意的作法。

Q17 請教包裝的要點。

A 手工肥皂因為還在呼吸，故不要用玻璃紙或塑膠袋長時間包覆。如果是花紋美麗的肥皂，當然希望讓人看見，自然會想用透明紙包裝，但也不要緊，只要告知收禮人趕快從包裝袋取出即可。

為避免香味消散，又能呼吸，建議包裝素材使用紙或布，但如果染色太鮮豔的素材，直接接觸到肥皂就會染色，務請注意。

自然素材的手工肥皂，包裝材料最好也使用自然素材。可用椰子纖維或麻繩等把數塊肥皂重疊綁在一起，或隨性放入未漂白的紙袋等，包裝越簡單越好。如果希望講究一點，只要看看常用耐油紙烘烤的蛋糕或餅乾的包裝用品，就能找到各種有趣的材料和靈感。

高級篇

製作真正好肥皂的油之知識

到底能製作出什麼樣的肥皂，取決於為了香味或顏色、效能而混合各種成分前，做為基礎的材料是何種油，以及如何加以組合。

我們能在商店買到的油，種類繁多，因此製作肥皂時能調配的油的種類也很多。

只要了解油的性質，調配不同種類的油，就能以各種形態發揮對肌膚的效能，不過若是因為「似乎對身體有益，把這個油和那個油混合看看」，心血來潮的適當組合，倒未必能製作出好肥皂。

因此以下特別針對「想自己組合各種油來製作肥皂」的人，淺顯易懂的說明製作肥皂時、應該了解的油的性質。

椰子油

78～79 頁

橄欖油

82～83頁

紅棕櫚油

79～80頁

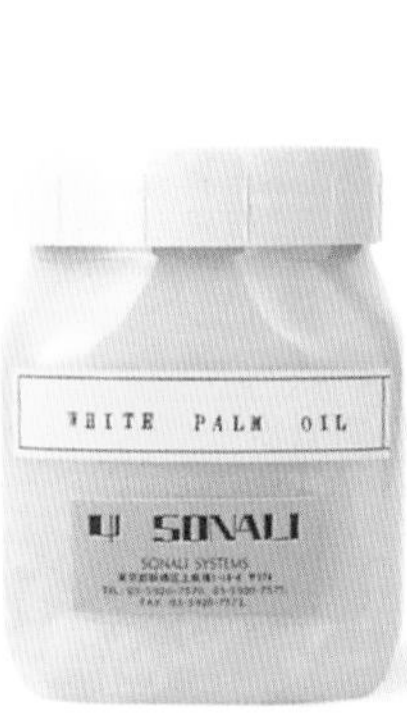

白棕櫚油

79～80頁

白棕櫚油

79～80 頁

茶花油
83～84頁

茶花油
83～84頁

雪亞脂
81頁

雪亞脂
(一種植物性黃油)
81頁

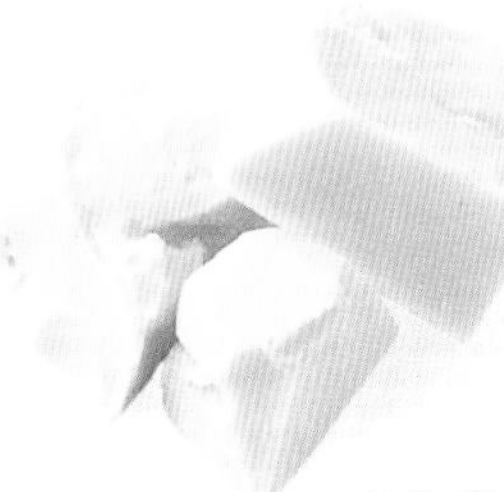

可可油
80～81頁

杏核油
84頁

夏威夷堅果油
84～85頁

夏威夷堅果油
84～85頁

夏威夷堅果油
(Macadamia nuts oil)
84～85頁

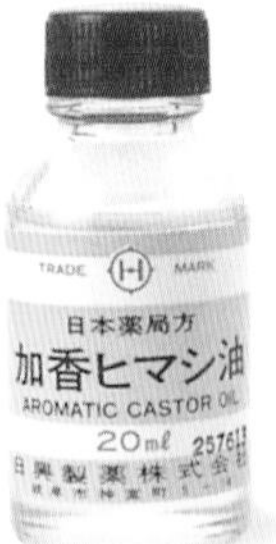

加香蓖麻油
86頁

蓖麻油
86頁

酪梨油
85～86頁

酪梨油
85～86頁

杏核油
84頁

葡萄籽油
92頁

核桃油
93頁

夏威夷核油
93～94頁

白芝麻油
90頁

芝麻油
89～90頁

荷荷巴油
95頁

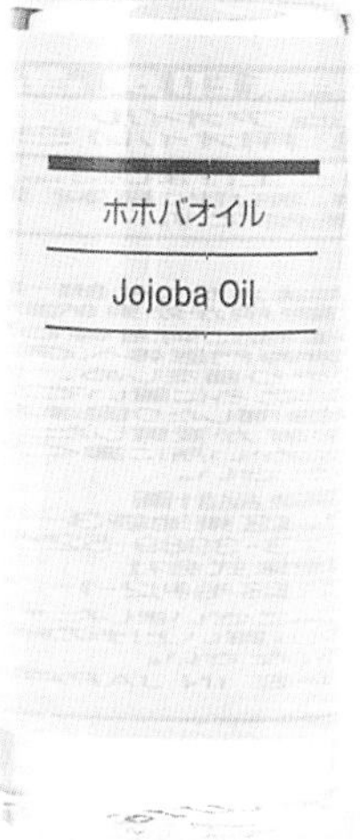

荷荷巴油
95頁

玫瑰花蕾油
94～95頁

月見草油
(夜來香油)
94頁

荷荷巴油
95頁

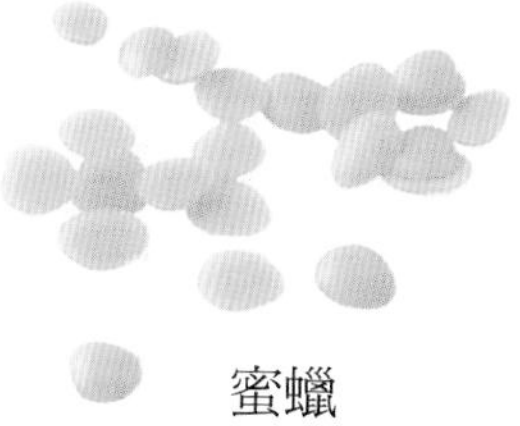

蜜蠟
95～96頁

蜜蠟
95～96頁

馬油
96～97頁

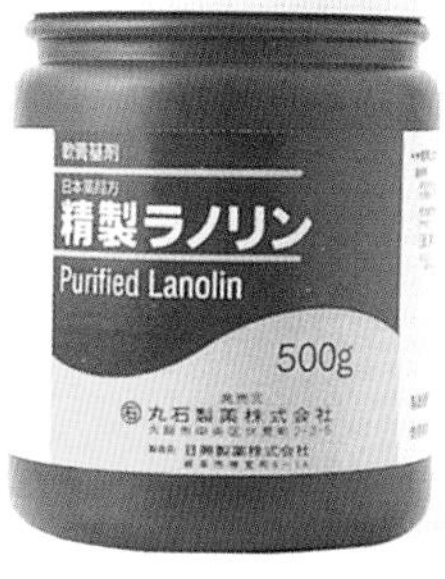

羊毛脂
96頁

榛子油
85頁

決定肥皂成品特徵的油的性質

以下內容稍微複雜，適合高級班用，但其實只要詳細了解材料的油，就能配合自己的需要和喜好，製作出世上獨一無二的自創肥皂。

請先看表1「決定肥皂性質的油脂性狀和脂肪酸的組成」(74～75頁)。本表是從各種資料中挑出各種油的性質中和肥皂有很大關係的部分，加以整理來製作。因為有不少數字和不熟悉的用詞，可能會令人感到迷惑，但只要知道如何閱讀本表，就能預測使用哪種油就能做出哪種肥皂。

表1的上欄是列舉思考未來製作肥皂時重要的油的性質。以下逐項來說明。

1 這種油的「溶點」及「凝固點」

亦即，這種油在攝氏幾度會溶化、凝固。雖是種類相同的油，但依栽培種或氣候的差異而稍有不同。

對完成的肥皂溶化方法有很大影響。相較於使用肥皂時冷水或熱水的溫度，如果原料的油的溶點高，就會變成不易溶化、耐用的肥皂。

但反過來說，不易溶化就不能發揮肥皂的洗淨力。各位可能都有過這樣的經驗，雖然使用相同的肥皂，但用熱水洗和用冷水洗，去污的程度也有差。

此外，就以洗完時的觸感來說，原料的油之溶點比體溫高或低也是一大要點。

使用比體溫37℃、溶點低的油製成的肥皂，洗完後感覺非常清爽，而比體溫高的溶點的油製成的肥皂，則會在皮膚上留下薄膜般的觸感。

有關製作肥皂時，溶點、凝固點帶來的影響，溶點高的油，材料凝固得快，因此倒入模型前的時間短，在取出模型的階段已經變硬，因此很容易從模型中取出。

2 這種油含「不鹼化物」的比例有多少

所謂「不鹼化物」，是油中原本就含有的，但本身不會變成肥皂，而是在完成的肥皂中以原來的狀態溶化的成分。

在橄欖油的說明中曾提到的角鯊烯及磷脂質、糖脂質、各種固醇、維他命、抗氧化物質等對肌膚有用的成分很多。在油的精製過程中有頗多部分被去除，儘管如此，剩下的微量不鹼化物，對這種油的性質，以及以這種油為原料製作的肥皂性質來說，仍是決定性的重要物質。

如表1所示，雖是同一種油，但依精製的方法，剩下的量也不一。有些油是考慮留下有用的不鹼化物精製而成，有些油則是為了用來做為維他命劑或營養補助食品的材料等，去除多數不鹼化物後再出售。

除對肌膚的效用之外，不鹼化物對處理肥皂的材料時影響很大。在鹼化時做為觸媒發生作用，因此量越多，材料凝固越快，倒入模型前的時間縮短。此外，若是同一種類的油（例如把橄欖油相互比較時），剩下不鹼化物多的油，完成時會比較硬。

3 這種油是以何種比例合成、含有何種「脂肪酸」

任何油脂基本上都是由3種「脂肪酸」分子結合1個「甘油」分子所形成（如上所述，油和苛性鈉在容器中混合時，油中的脂肪酸和苛性鈉結合變成肥皂，在材料中自然含有甘油。這種甘油是保濕成分，也是洗淨成分）。

對人體來說，脂肪酸是不可或缺的成分，吸進身體時的種類和比例，對健康有重要影響，因此近年來極受矚目。

脂肪酸的種類或比例不同時，依所謂液體或固體等物理的性狀，在營養上對人體帶來的作用或持久性等，都會變成完全不同的油，這點在把油做成肥皂時也具有很大的意義。

材料的油含有哪種脂肪酸，完成的肥皂對肌膚的作用、起泡的特徵、硬度都會有所不同。

舉例來說，依化學性結合狀態的不同，脂肪酸大致可分為「飽和脂肪酸」和「不飽和脂肪酸」。

「飽和脂肪酸」比「不飽和脂肪酸」不易氧化，因此使用含多量飽和脂肪酸的油製作的肥皂也不易變質。

據說脂肪酸的種類有三百種以上，其中有非常特殊而罕見的脂肪酸。因此對人體有重要意義的脂肪酸數目並不多（76頁）。

棕櫚酸 (%)	棕櫚油酸 (%)	硬脂酸(%)	油酸 (%)	亞油酸 (%)	亞麻酸 (%)	備註
9.5		2.9	6.9	0.2		
9.1		2.3	16.8	0.3		
43.1		4.5	40.7	9.7		
25.6	0.2	34.6	34.7	3.3		
4.0		41.0	47.4	6.1		
9.8	0.6	3.2	73.8	11.1	0.4	
8.2	2.1	2.1	85.0	4.1	0.6	
6.7	0.5	1.2	66.3	22.3		
7.6	0.8	1.3	68.3	22.0		參考『油脂化學便覽』
8.3	21.8	2.1	56.4	2.8		
2.3	24.0	1.3	41.9	8.9		花生四烯酸和花生酸是11.3%，山俞酸和蘆丁酸是9.7%
12.4	4.6	0.5	65.3	15.9	1.0	
2.0		1.0	7.0	3.6		蓖麻酸87～89%
11.7	0.1	3.4	41.6	36.7	1.8	
3.4	0.3	1.2	16.5	16.2	9.5	蘆丁酸41.4% 參考『油脂化學便覽』
3.9		1.8	57.9	21.8	11.3	
6.7		4.0	17.9	69.8	0.9	
3.7	0.1	5.4	81.3	9.0		參考『食用油脂』
6.8		7.5	12.6	77.4	0.1	
5～7		1～2.6	74～79	13～16	0～0.3	參考『食用油脂』
8.8		5.3	39.2	45.8	0.1	
16.2	0.1	1.8	41.4	37.5	1.6	參考『油脂化學便覽』
11.1		2.1	32.6	52.2	1.4	
15.5		1.1	21.9	53.5	6.1	
20.1	0.6	2.4	18.9	56.5		
10.4		4.0	23.5	53.5	8.3	
11.1		3.6	21.2	61.4	0.7	
7.3	0.2	2.3	19.1	57.4	13.1	參考『油脂化學便覽』
6.4	0.1	0.3	19.8	41.8	28.9	
6.2		1.8	11.9	70.6	9.5	
3.8		1.7	14.0	44.0	35.0	
1.6	0.4		11.9	0.2		花生酸69.4% 蘆丁酸13.9%
94.0		2.0				
17.1	17.1	2.9	41.9	9.6	0.7	
24.9	*7.0	5.9	35.5	10.8	9.5	＊頸部表示倍
25.4	4.2	8.9	49.0	11.1	0.2	
26.6	4.1	18.2	41.2	3.3		
23.8	3.0	15.7	39.4	12.8	1.4	參考『油脂化學便覽』
28.9	1.9	11.3	27.3	2.5	0.7	

表1　決定肥皂性質的油脂性狀和脂肪酸的組成

油脂名稱			脂肪酸			
	溶點、凝固點 (℃)	不皂化物(%)	正辛酸 (%)	正癸醛 (%)	月桂酸 (%)	肉荳蔻酸 (%)
椰子油	**20～28**	0.2～0.7	7.7	6.2	47.0	18.0
棕櫚核油	**25～30**	0.2～1.0	3.6	3.5	47.3	16.4
棕櫚油	**27～50**	0.2～1.0			0.2	1.1
可可油	**32～39**	0.3～2.0				0.1
植物性黃油	**23～45**	2～11				
橄欖油	0～6	0.5～1.4				
茶花油	-15～-21	0.1～0.9				
杏仁油	-10～21	0.4～1.4				
杏核油	-4～-22	0.7～1.2				
夏威夷堅果油		0.1～0.2				
榛子油		～2				
酪梨油		～1.6				
蓖麻油	-10～-13	0.3～1.3				
花生油	3～0	0.2～9.1				
菜籽油	0～-12	0.5～1.2				
新菜籽油	0～-12	0.3～1.2				
葵花油	-16～-18	0.3～1.2				
新種葵花油		～1.3				
紅花油	**-5**	0.3～1.5				
新種紅花油		～1				
芝麻油	-3～-6	0.1～2.8				
米 (糠) 油	**-10～-5**	3～5				0.3
玉米 (胚芽) 油	**-18～-10**	0.8～2.9				0.1
小麥胚芽油		2～6				0.1
棉籽油	4～-6	0.4～1.6				0.7
大豆油	**-8～-7**	0.2～0.5				
葡萄籽油	-10～24	0.3～1.6				0.2
核桃油	-12～-30	0.5				
夏威夷核油	-22	～5				
月見草油		0.7～1.2				
玫瑰花蕾油						
荷荷巴油		50				0.2
蜜蠟	**61～66**	55～58				
貂油		～1				3.9
馬油	**29～50**	0.4～0.7			0.2	3.2
蛋黃油		～6				0.4
牛脂	**44.5～50**	0.1～0.3				3.3
豬脂	**28～48**	0.1～0.4			0.1	14.0
乳脂	**35～50**	0.1～0.3			2.9	11.9

1.溶點、凝固點中的粗字表示溶點。　2.溶點、凝固點、不皂化物的空欄表示無資料。

以下提出的是「製作肥皂時有重要意義的10種脂肪酸」（參照74～75頁的表1）。

正辛酸、正癸醛

在椰子油和棕櫚核油所含的脂肪酸。這些脂肪酸沒有洗淨力，卻對皮膚有刺激性，雖是「飽和脂肪酸」，卻能和水反應而使安定性變差，因此連肥皂製造商對椰子油和棕櫚核油，都不會使用整個油的20％以上。

最近考慮到這點的廠商，把這種油中的正辛酸、正癸醛先加以去除再使用，這樣就能調配在20％以上。

不過我們在家製作肥皂時，能買到的椰子油並未經過這種處理，因此必須注意調配在20％以下。

月桂酸

這也是椰子油和棕櫚核油的主要脂肪酸。月桂酸的起泡性大，因此是想製作迅速起大泡沫肥皂不可缺少的脂肪酸。連在冷水中也能發揮洗淨力，能製作出比較不會溶化變形的硬肥皂。

此外，因是不易氧化的「飽和脂肪酸」，故不會變成容易變質的肥皂。雖然稱不上是對肌膚溫和的脂肪酸，但如果講究起泡和硬度、氧化安定性，就是製作肥皂不可欠缺的脂肪酸。

肉荳蔻酸

在椰子油、棕櫚核油、豬油或乳脂（牛油）含量多。這種脂肪酸的起泡性也很大，而且起的泡比月桂酸更持久又細，因此在起泡方面非常有用。

在溫水中的洗淨力比月桂酸好，對皮膚的作用更溫和。脂肪酸本身的溶點是55℃，比月桂酸高，因此能變成更不易溶化變形的硬肥皂。此外，也是飽和脂肪酸，因而具有氧化安定性。

棕櫚酸

在棕櫚油或蜜蠟、椰子油以及動物性油脂含量多的脂肪酸。脂肪酸本身的溶點在60℃以上，

表2　不同種類的脂肪酸形成的肥皂性質

	對肌膚的適應性	在冷水中的洗淨力	在溫水中的洗淨力	起泡力	泡沫的持續性	完成時的硬度	不易溶化變形性	安定性
正辛酸	×	×	×	×	×	○	×	×
正癸醛	×	×	×	×	×	○	×	×
月桂酸	△	◎	◎	◎	△	○	○	◎
肉荳蔻酸	○	○	◎	◎	◎	◎	◎	◎
棕櫚酸	△	△	◎	△	◎	◎	◎	◎
棕櫚油酸	◎	◎	◎	○	◎	○	○	○
硬脂酸	○	△	◎	×	◎	◎	◎	◎
油酸	◎	◎	◎	×	◎	○	×	○
亞油酸	◎	◎	◎	○	△	×	×	×
亞麻酸	◎	◎	◎	○	△	×	×	×

◎非常好　○好　△大致良好　×不好

因此在冷水中不易溶化，不易發揮洗淨力，在溫水中則有極佳的洗淨力。這種肥皂非常硬，不僅在冷水中，連在溫水中也比較不會溶化變形，也是飽和脂肪酸，因此也具有氧化安定性。

有報告指出，棕櫚酸會妨礙皮脂腺增殖，因此並不是對肌膚特別有益的脂肪酸，但有助於製作硬又耐用的肥皂。起泡雖不算太好，但一旦起泡，就持久又安定。

棕櫚油酸

夏威夷堅果油、榛子油、貂油、馬油（尤其是頸部）中含量豐富。

在人的皮脂中有10%以上的脂肪酸，對皮膚的再生扮演重要角色，不過30歲過後會隨著年齡增加而減少，因此被認為和皮膚的老化有關。

在皮膚有溼疹等障礙時，不論什麼年齡，只要加以補充就有助於皮膚組織的再生。在對皮膚的效用上可謂重要的脂肪酸之一。因為是「不飽和脂肪酸」，故氧化安定性比飽和脂肪酸差，不過比亞油酸或亞麻酸安定。

硬脂酸

可可油、Shea butter中含量特別多，在動物性脂肪中也比較多。

脂肪酸的溶點較高，70度，在冷水中非常不易溶化，能製作連溫水也不易溶化變形的肥皂。如果在肥皂中調配太多，雖然會變硬，卻容易裂開。因為是飽和脂肪酸，故氧化安定性卓越。不太起泡，但一旦起泡就有持續性。

油酸

橄欖油、茶花油中含量特別多，其他多數堅果系的油、品種交配所生的新種雜交系植物油（新菜籽油、新種葵花油、新種紅花油）等含量也多。

製作成肥皂時，是對肌膚非常溫和的脂肪酸。洗完後肌膚會有滋潤感和光滑感。另外，在不飽和脂肪酸中，氧化安定性高，因此過去經常把油酸含量多的植物油用來做為化妝用油或防曬油、整髮油。

製作成肥皂時，雖然硬，但一使用就會變得容易溶化變形。不過在冷水中的洗淨力也很卓越。雖然不易起泡，但一旦起泡就有持續性。

亞油酸

非新種的傳統葵花油或紅花油、葡萄籽油、月見草油、玉米油、小麥胚芽油等中含量多。

亞油酸和亞麻酸都是必須脂肪酸（在體內不能合成，因此是必須從外部補充的脂肪酸）之一。和保持皮膚水分的角質層防衛功能有密切關係，有助於皮脂腺的增殖，對皮膚是非常重要的脂肪酸。為此用於化妝品上也逐漸增多。

不過氧化速度是油酸的10倍（最近的報告是27倍），因為容易變質，因此製作成肥皂時必須抑制使用份量，也要注意保存管理。比油酸容易起泡，完成後的肥皂容易溶化，而且剛洗完時會感覺很清爽。

亞麻酸

在新菜籽油、核桃油、月見草油、玫瑰花蕾、夏威夷核油、馬油等中含量多。

亞麻酸含量多的油，清爽且容易乾燥，因此有抑制濕潤性皮膚炎症的效果。尤其是月見草油所含的亞麻酸，如果體內不足，據說會導致異位性皮膚炎，因此是皮膚健康上不可欠缺的必須脂肪酸。不過亞麻酸比亞油酸氧化得更快，氧化速度是油酸的15倍到25倍（最近的報告是77倍）。

在肥皂中調配含這種亞麻酸的油，雖然效果很大，但做出來的肥皂並不耐用，因此必須特別留意保存方法和使用期限。比油酸容易起泡，柔軟而容易溶化，洗完後會感到很清爽。

各種油的特徵和用法

以下依照74～75頁的表1，逐項說明各種油的特徵和製作肥皂時的用法。彙整出特徵類似的項目。

可促進起泡的油

椰子油

把椰子果肉曬乾，由乾椰子肉榨成的油。

月桂酸和肉荳蔻酸含量多，因此起泡力佳，是希望製作起泡肥皂不可欠缺的油。溶點是20度到28度，因此調配在材料中就能製作出硬的肥皂，幾乎都是飽和脂肪酸，因此能製作出不易變質的肥皂。

此外，在冷水、硬水中也能發揮極大的洗淨力。添加椰子油做成的肥皂鹼性度會下降，在PH值（表示酸性、鹼性的數值）方面變得溫和。

日常生活中使用椰子油的東南亞海岸地區，在海水中也會溶化、洗淨力強的含100%椰子油的肥皂，或是調配椰子油比例頗多的肥皂，常被用來洗衣或沐浴。

不過如上所述，因為含有對皮膚有刺激性的正辛酸或正癸醛，因此在日本或歐美，在去除之前，肥皂製造商都把調配控制在整體油的20%以內。

我在家製作肥皂時所使用的椰子油，並未因肥皂用而特別處理，因此使用在20%以內（在此附帶說明，去除的正辛酸或正癸醛通常做為消化良好的脂肪原料，用於特別的醫療用食品或乳幼

兒食品)。

歐美家庭的手工肥皂配方，因為從經驗上承襲「調配太多椰子油對皮膚不好」的看法，對正辛酸、正癸醛刺激性的認識似乎尚未廣泛被了解。

硬水多的地區，硬的肥皂受到喜愛，因此迄今多半調配30%到40%，我在開始製作肥皂時也調配「椰子油30%、棕櫚油15%、橄欖油55%」，不論在起泡、不易溶化變形方面都非常滿意，因而用於沐浴。

但如果持續使用一段時間，就會察覺肌膚容易乾燥。此外，在愛用這種調配的人中，也有人表示肌膚會乾燥或刺激，因此在長久使用性方面，就能確信椰子油還是控制在20%以內對肌膚較好。

椰子油只需佔全體的10%到12%左右，就能發揮明顯的起泡效力。在我所介紹的馬賽肥皂配方中，椰子油佔18%。

如果要製作肌膚用、洗面用特別細緻的肥皂，就調配15%。如果是和海水或溫泉水一起使用的肥皂，通常調配到20%即可。

我曾住在羅馬，那是把水倒入鍋中就會看到很多雪白色鈣粒子的硬水地區住過1個月左右，當時使用椰子油18%的馬賽肥皂洗澡和洗髮，照樣能充分起泡，使用感覺也沒有問題。

不過如果用來洗碗盤和洗衣時就非常費力，因此如果長住在硬水地區，清洗廚房或洗衣時我想就非使用多量的椰子油不可。

棕櫚核油

這是把位於油椰子果肉中的核仁榨成的油。不論是做為油的性質還是做成肥皂時的特徵，都和椰子油非常類似，月桂酸和肉荳蔻酸含量多，因此在材料中調配能製作出起泡性卓越的肥皂。溶點也和椰子油大致相同，能使肥皂變硬。

不同的是刺激皮膚的正辛酸、正癸醛比椰子油少一些，以及保濕性佳的油酸含量較多，因此對肌膚較能產生溫和的作用，即使如此，有關調配的比例，還是必須和椰子一樣多留意。

此外，棕櫚核油有一股並不太好聞的特殊味道，如果調配太多會影響肥皂成品的香味。因此做為手工肥皂的材料時，比較常用椰子油。

我本身也偏好使用椰子油，但如果方便取得棕櫚核油，不妨使用看看，起泡效果是一樣的。

可製作出不易溶化變形硬肥皂的油

棕櫚油

這是由椰子的鮮紅色果肉榨成的。從是否經過脫色精製可分為紅色（紅棕櫚油）和白色（白棕櫚油）。

製作肥皂主要是使用脫色精製的白棕櫚油。溶點在植物油中很高，27度到50度，雖然依季節而異，但在室溫是半液狀或固體狀。而且含棕櫚酸40%，因此能製作出硬又不易溶化變形的肥皂。完全沒有起大泡沫的能力。

市面出售的化妝肥皂，長久以來的標準調配比例是「20%的椰子油、80%的牛脂」不過使用棕櫚油取代牛脂而標榜「植物性」的製品越來越多，因此市售肥皂使用很多。

含油酸40%左右，因此有相當程度的保濕力，但有報告指出，棕櫚酸對皮脂腺的活動沒什麼幫助，因此建議多調配對皮膚有益的其他種類的油，我本身也儘量少用，因為在對肌膚的效用上，並非可以調配的油。

依棕櫚油的種類，溶點不同，出現硬度的效果也參差不齊。在製作肥皂時，最適合的溶點是40度到42度。

只需調配到整體油的10%，就能產生硬度，出現抑制溶化變形的效果，因此在馬賽肥皂中加入棕櫚油10%。如果在其他配方需要加更多量，我不會使用超過20%的白棕櫚油。家庭用的食用棕櫚油價格很高，對肌膚並無特別效用。在歐美，尤其是美國，因為價格很便宜，而且偏好非常硬的肥皂，故如果是手工肥皂，通常加30%到60%左右。

未經脫色精製的紅棕櫚油，數年前起就能在日本買到名為「CAROTINO」的油。含豐富天然的葫蘿蔔素和維生素E，具備白棕櫚油所沒有的「有助於修復傷口或粗糙的肌膚」，對皮膚的效用很大，因此我常製作調配量多的「葫蘿蔔素肥皂」(作法請參照104頁)。

不僅可用於受傷，對面皰或肌膚粗糙，以及油性肌膚用的肥皂也有效果，請務必一試。完成的肥皂呈現葫蘿蔔素漂亮的橙色，而且有紅蘿蔔的香味。

「CAROTINO」有「特級」和「標準」2種，後者是和新菜籽油混合，因此請使用100%純紅棕櫚油的「特級」。

紅棕櫚油如果調配60%以上，使用時擦在毛巾上會染色，這是天然葫蘿蔔素的顏色，對肌膚有益，也洗得掉，不必擔心，在此事先提醒各位。

紅棕櫚油
白棕櫚油
白棕櫚油

可製作出不易溶化變形的硬肥皂，並能在皮膚上形成保護膜的油

可可油

把熱帶植物可可果實中的種籽(可可豆)榨成的油脂。溶點32度到39度，因此在室溫能保持一定的硬度。棕櫚酸和硬脂酸多，如果添加在肥皂中，會比棕櫚油更硬，能抑制溶化變形。幾乎都是飽和脂肪酸，因此不易變質，是非常耐用的材料。但沒有起泡力。

調配可可油的肥皂具有棕櫚油所沒有的強力覆蓋皮膚力，能在皮膚上形成一層保護膜，平時會感覺稍重，因此並非我所偏好的觸感，不過如果要在寒風吹拂的冬天外出，建議先使用添加可可油的肥皂洗臉後再出門。

此外，利用這種覆蓋力來製

作的護脣膏，能防止嘴唇乾燥，非常耐用又具有保護效果。

如果調配在肥皂中，只要佔整體油的5%，就能發揮對皮膚的覆蓋力，如果想使肥皂產生硬度，抑制溶化變形，添加10%左右就足夠。如果為了防止橄欖油肥皂容易溶化，希望肥皂耐用又有強大保濕力，就採用橄欖油肥皂的基本配方，加上溶化的可可油50公克來製作**（橄欖油458公克、可可油50公克、苛性鈉59公克或62公克、水195cc）**。藉由添加可可油來使完成的肥皂鹼性度下降，變得溫和。

如果加入整體油的15%以上，材料就會變成太硬而沒有柔軟性，反而會使肥皂變得脆又容易裂開。

可可油有巧克力般的香味，因此如果加入薄荷或柑橘等香料，就會變成芳香可人的肥皂。但如果對巧克力過敏的人，就不要使用可可油。

雪亞脂

把迦納或馬里等西非熱帶草原自生的SHEA樹（非洲酪脂樹）長的果實的核榨成的油脂。在非洲傳統上很受珍視，通常做為食用以及藥用、化妝用。

據說在當地只要塗抹這種油，就能保護肌膚不受陽光的曝曬或乾燥，不僅能治療曬傷的肌膚或凍傷、燒傷，也能促進血行，對肌肉痛或風濕症也有效。

在以非洲為殖民地的法國，很久以前就發現這種臨床效果，不過近年來其他國家也開始矚目這種護膚效果，經常用於防曬用乳液或保濕用乳霜、肥皂的材料。

不鹼化物含量多，2%到11%，其中被認為含多量對皮膚有用的成分，但到底是當中哪種物質具有何種科學性作用，全貌尚未出現詳細的報告。

以壓榨法自然製作的雪亞脂，是帶淺黃綠色的乳白色，有切開新鮮黃瓜等蔬菜清爽的香味，含充分有用的不鹼化物。

加溶劑脫色精製的是雪白色，所含的不鹼化物的量雖然少很多，但也有2%，和其他油比較，並不算是低的數字。

市面上販售的，迄今只有雪白色的。在美國或歐洲，能在天然食品店或護膚用品店買到自然製法的產品，因此想嚐試真正雪亞脂的人，不妨趁海外旅行時找找看。此外，網路上似乎也能找到不少有出售的地方。

和可可油一樣，能強力覆蓋皮膚，因此乾燥肌膚的人可以使用，也適合用於護脣膏。在室溫內是比可可油更柔軟，稠黏的乳霜狀，但溶點較高，23度到45度，硬脂酸含量多，因此如果在肥皂中加入5%到10%，就會變成硬又不易溶化變形、保護皮膚有效的肥皂。

可是價格比可可油更貴，因此也不能大量添加在肥皂材料中。

如果不在意硬度，只期待保護皮膚的效果，如果製作的是橄欖油肥皂，可在倒入模型前加**2小匙的油量至肥皂材料中，如果製作的是馬賽肥皂，則是加1大匙的油量，在容器中攪拌混合**。

最適合皮膚暴露在寒風及紫外線雙重傷害的滑雪旅行隨身攜帶的肥皂（雪亞脂雖可用於防曬用品的材料，但單獨使用並不會變成調配化學性紫外線吸收劑或散亂劑的防曬用乳霜）。

可製作出有保濕力肥皂的油

橄欖油

這是製作好肥皂最基本且重要的油。油酸含量非常多，以之製作的肥皂洗完後肌膚會變得光滑柔嫩。雖然沒有起泡力，但不論在冷水或溫水中，都能發揮極佳的洗淨力。雖然如此，卻不會過度去除皮脂。在不飽和脂肪酸中，油酸是氧化安定性良好的油，也是液狀植物油中耐久的油。

主要是不鹼化物，含有角鯊烯或固醇、生育酚、多酚、葉綠素等，尤其角鯊烯在人類皮脂中含10％左右，是重要的保濕成分，而含有0.5％到1％是橄欖油的一大特徵。

橄欖油現在基本上有virgin oil、精製橄欖油、橄欖渣油等3種等級。在國際基準上，virgin oil 和精製橄欖油必須以溶劑把橄欖的果實榨成的才行。

橄欖渣油則是以溶劑萃取出剩下的橄欖渣中的油。

在virgin oil 中又有 extra、fine semifine 等3個等級，幾乎都是以extra 為名上市，實際上品質卻有很大差距。

「extra virgin oil」是把橄欖的果實壓榨後，除洗淨或過濾外，不進行脫酸、脫色、脫臭精製，而是品嚐本來的風味，因此等級最高。

精製橄欖油是精製virgin oil而成，但這種精製橄欖油混合少量的virgin oil，是以「Pure橄欖油」出售。此外，最近有製造商在橄欖渣油中混合virgin oil，而以「橄欖渣油」的品名出售。

那麼，製作肥皂的油應該選擇哪一種呢？在歐美製作手工肥皂的人之間，普遍認為「做為食用的等級低的油含不鹼化物的保濕成分比較多，倒入模型前的時間短，容易製作。因此捨 extra virgin 而使用Pure橄欖油或橄欖渣油」。

實際上，姑且不論溶劑的問題，如果使用橄欖渣油，凝縮在橄欖渣中所含的不鹼化物比virgin、Pure 更多，因此在材料中做為觸媒發生作用，能使倒入模型前的時間縮短很多，使肥皂變得硬又好用。

可是我某天突然想到「如果比較virgin和Pure，精製橄欖油的不鹼化物要比純壓榨的油多，看似有點奇怪」，而產生單純的疑問，因此認為以前曾實驗過的便宜的extra virgin和Pure的差距可能不太大，因而使用等級更高、品牌更好的extra virgin oil 製作幾種肥皂來比較。

如此，雖然有些參差不齊，但使用的油越好，就能比使用 Pure 製作的快2小時到8小時倒入模型。只要是extra virgin oil，不鹼化物還是比Pure 多。稍微思考一番，就是理所當然的事，此時我才恍然大悟自己之前成見太深了。

即使如此，我仍建議不要使用extra virgin oil，而使用Pure 橄欖油。

理由之一是，extravirgin oil未經脫酸處理，因此一開始氧化的程度高，又加上不鹼化物中葉綠素的作用，以致光氧化的速度比Pure oil快。亦即，完成的肥皂也容易氧化，變成茶色的時間短（不過以橄欖油肥皂的情形來說，市售產品也是以氧化變成茶色的狀態上市，因而被視為橄欖油肥皂的特徵）。

理由之二是，依油的製法差異，做成的肥皂對肌膚的使用感也會出現很大差異，但如果是extra virgin oil 和 Pure橄欖油，在重要的使用感上並無明顯差異，因此刻意使用高價油的意義就降低，而且Pure的品質差異較小。

理由之三是，使用extra-virgin中最上等的油，倒入模型前的時間只能縮短24小時到16小時左右，因此如果是經常上市等級的extra virgin，和Pure 只差2、3小時而已（最便宜的等級和 Pure 幾乎一樣）。亦即在容易製作方面並沒有太大的優點。

此外，真正上等的extra-virgin oil，必須要在新鮮中品嘗纖細的成分才值得，因此不加熱食用對身體比較有益。和需要經過熟成期間長的肥皂當然不同，如果做為化妝用油，也是因相同理由使用extravirgin oil較好。

但並不是說製作肥皂非Pure不可，如果碰到extravir-gin oil減價時就值得一買，若是很想用用看或剛好碰到「我家附近的店沒有賣 Pure，只有virgin oil」，也不妨一試。以橄欖油肥皂來說，能做出和Pure oil一樣使用感極佳的肥皂。

不過不論使用哪種virgin oil，也無法做出像Pure oil 做出的那麼雪白的肥皂，而會變成淺茶色或淺綠色，因此如果想做出雪白色的肥皂或另外著色，就請使用 Pure oil。

茶花油

這是把茶花種籽榨成的油。日本早在幾百年前就做為食用或燈用、化妝用、藥用。但很遺憾，這種好油卻不為世人所了解，因此做為手工肥皂的材料也未被提出來。不過和橄欖油一樣，也是餐桌上健康的油，因此能做出非常卓越的肥皂。

特徵成分也和橄欖油一樣是油酸，佔整體脂肪酸的80%以上。在不飽和脂肪酸中容易氧化的亞油酸比橄欖油少，因此是比橄欖油更耐用又安定的油。因為油酸的比例多，不太起泡。

使用100%的茶花油，能製作出和橄欖油肥皂的外表及使用感非常類似的肥皂。**茶花油458公克（500cc）、精製水180cc，如果是滋潤型，苛性鈉54公克，如果是清爽型，苛性鈉57公克**就能製作出來。

雖然是像橄欖油肥皂雙胞胎一樣的肥皂，但如果留短髮，洗髮時比橄欖油容易洗出泡沫，而且清爽又有彈性，這是一般的印象。也有人夏季和冬季分開使用。

現在我的頭髮留到及腰的長度，髮量很多，不管是使用橄欖油肥皂或茶花油肥皂，洗出來的感覺並沒有什麼差異。

日本傳統上是把茶花油做為整髮用油而聞名，因此各位不妨做為日式洗髮用肥皂試試看。

舉例來說，使用和**馬賽肥皂相同份量的椰子油（112公克）和棕櫚油（64公克），為了確保起泡力和硬度，剩餘的72%中的62%（394公克），使用茶花油代替橄欖油，10%(64公克)使用蓖麻油**（參照86頁）。**苛性鈉的量是83公克，精製水250cc、**不變。如果以各半的比例加入50滴的白檀和類似柑橘的中國柑橘香精油，就能製作出穩重有清爽高貴香味的洗髮肥皂。

杏仁油（純甜杏仁油）

這是把大家熟悉的杏仁果實榨成的油。橄欖油肥皂或馬賽肥皂的故鄉—地中海沿岸為主要產地，因此在法國等地經常用來提升以橄欖油為主體的肥皂。

維生素A、B群、E、各種礦物質含量多。在壓榨法是否殘留杏仁的香味所製作的油，做為食用油的營養價值，或做為護膚用品的品質也全然不同。

油酸佔66%左右，具有豐富的保濕力，但也有22%的亞油酸，因此黏度比橄欖油或茶花油稍低，比較清爽，所以使用感非常好，經常被用於芳香療法的按摩油，或手工護膚用品的基材。

這種油的絕妙黏度，在做成肥皂時會產生乳液般細又耐用、蓬鬆等特徵的泡沫。如果調配整體油的15%到30%，肥皂的品質就會大幅提升。使用100%的杏仁油也能製作出品質極高的肥皂，不過容易氧化的亞油酸有22%，容易溶化，這種情形就把鹼化率（參照103頁）變成90%以上。

杏核油

這是把位於杏子果肉中央的種籽榨成的油。

看表1就會了解具有和杏仁油非常類似的特徵。做為按摩油或護膚用品的基材，都和杏仁油的用法類似，製作成肥皂也能發揮相同的效果。

不過現今在食用上，還沒有以大瓶裝出售，只有在芳香療法店以按摩用的油底出售，因此做為肥皂的材料使用太貴了。如果能買到食用的杏仁油，用來代替即可。

夏威夷堅果油 (MACADAMIA NUT OIL)

夏威夷堅果是澳洲原產的常綠樹，但主產地卻是夏威夷。把夏威夷堅果的果實榨成的油就是夏威夷堅果油，在加州式法國料理或義大利料理混合夏威夷、亞洲食材的「太平洋邊緣」料理上，是極受歡迎的油。

夏威夷堅果油的一大特徵是含棕櫚油酸20%以上。

棕櫚油酸在脂肪酸的說明中已提及，在皮膚細胞的再生上扮演重要角色，因為會隨著年齡增加而逐漸減少，因此有無這種物質被認為和老化有密切的關係。也有助於修復傷口或因溼疹受傷的皮膚。

此外，已經了解夏威夷堅果油做為食用時，有防止為胃腸黏膜帶來過氧化脂質不良影響的作用，因此預期對皮膚也有相同的效果，最近也調配在防皺用乳霜或乳液、美容液或防曬用品等方面。在植物油中是和皮脂的組成最接近的油之一，因此對皮膚的滲透性佳，是使用感非常好的按摩油。

主要成分是油酸和棕櫚油酸，不易氧化，因此適合加熱烹調，具有堅果濃郁的風味，是非常美味的油，我也常用於烹調中。在護膚方面也是用途廣泛，可製作成卓越的肥皂或乳霜。

雖然稍微昂貴，但不論是食用或護膚用，都和下面介紹的榛子油一樣，具有其他油所沒有的效用，因此建議不妨使用看看。

只要使用100%的夏威夷堅果油（鹼化率85%或90%）來製作肥皂（油450公克、苛性鈉53公克或56公克、精製水175cc）

，就能製作出非常溫和、使用感極佳的肥皂。建議用來洗臉或洗受損頭髮。顏色是很淺、帶粉紅色的乳白色，香味是原本的堅果味，這些都是令人驚喜的收穫。起泡力比橄欖油好，洗完後感覺滋潤，比橄欖油略為清爽柔和。

和其他的油均衡組合，也能製作出極佳的肥皂。雖然無色，但只要使用整體油10％到20％的夏威夷堅果油，就能徹底發揮效能。

夏威夷堅果油20％（130公克）、甜杏仁油15％（98公克）、橄欖油35％（229公克）、棕櫚油15％（98公克）、椰子油15％（98公克）、苛性鈉81公克或85公克、精製水250cc，是我最滿意的調配。在肌膚失去活力時，請務必試試看這種特別的肥皂。

榛子油

這是把榛的果實榨成的油，各種礦物質含量多，在主要產地的歐洲做為食用、藥用或美容用，自古以來就非常珍貴。以壓榨法細心製作的油，有榛子的香味。在做菜或甜點上經常活用這種最高級油的芳香，非常美味。和木莓醋搭配做成沙拉醬也很可口。

從表1可看出其性質及效用十分類似夏威夷堅果油，有助於皮膚的再生，防止老化效果的寶貴棕櫚油酸含量豐富，佔24％，因此常做為眼睛周圍用的晚霜或防曬用品的材料、高級的按摩油，歐洲在製作上等肥皂時，通常會在以橄欖油為主的肥皂中和杏仁油一起調配進去。

使用100％榛子油時，即使不加香料也能製作出使用感與香味俱佳的洗臉肥皂。

使用榛子油100％（鹼化率85％或90％）來製作肥皂的配方是：油450公克、苛性鈉51公克54公克、精製水175cc。

此外，也和夏威夷堅果一樣能和其他的油組合。在堅果系的油中價格最高，沒有比這種油更適合用來做為沐浴油、美容油的素材。

酪梨油

這是把酪梨果實榨成的油，主要產地是美國的加州及佛羅里達州、南非。做為1.6％左右的不鹼化物，除維生素A、B群、D、E之外，保濕效果高的固醇類含量也多，因此在主要產地的美國常用來做為化妝品或按摩油等護膚用品的材料。

僅以壓榨法製作的油，有獨特強烈的顏色及香味，因此經過脫色、脫臭的油才做為食用或肥皂用。做為對肌膚溫和的肥皂材料特別受歡迎，因此常調配在嬰兒用肥皂中。油酸含量和杏仁油或杏核油一樣多，因此做成肥皂洗完後的皮膚非常柔和。

因為含適度的亞油酸，故單獨用來製作肥皂時，也能產生適當的泡沫，我喜歡做為洗臉用肥皂，只不過完成的肥皂太軟，容易溶化變形，故很少使用100％來製作。只需調配10％到30％就能活用其效果。

目前很難買到經過脫色、脫臭的食用、肥皂用酪梨油，只能在芳香療法店買到按摩用的油底。這種油未經脫色，故呈現出漂亮的深綠色，有藥草般獨特的香味。如果大量調配在肥皂材料中，太高價也太香，但比經過脫色、脫臭精製的油含更多酪梨油特殊成分的有用不鹼化物。

把橄欖油肥皂或馬賽肥皂的材料倒入模型前，加2小匙到1大匙，就能製作出保濕力豐富、具備酪梨油特徵的上等肥皂。有藥草般的草香，因此如果添加薰衣草香精油或薄荷油，就能製作出某愛用者形容的「變成似乎非常有效的香味」。不妨和有助於修復傷口或粗糙肌膚效能的其他材料組合，來製作自家製藥用肥皂。

蓖麻油

這是把胡麻或蓖麻等植物種籽榨成的油。雖是東非原產，但自古以來就被全世界做為醫療用、化妝用。脂肪酸的組合和其他油不同，蓖麻酸的脂肪酸含量將近90％，因此黏度很高且吸引水份是一大特徵。保濕力高，而且又容易和顏料混合，因此經常用來做為口紅或護唇膏的基材。

只需調配5％到20％，就能做出保濕力高又溫和的肥皂，而且產生的泡沫大又持久，因此在歐美很早以前就用來做為洗髮用肥皂。加這種油的肥皂，在洗髮時的感覺確實更好，因此請務必一試。「這樣就不必使用潤髮乳」，頭髮變得柔順，整理時「頭髮很聽話」。因此特別推薦給為粗硬髮質或捲髮而煩惱的人。

這種油會吸引水份，因此如果調配太多就容易溶化變形。就拿馬賽肥皂的份量來說，如果椰子油和棕櫚油的調配維持不變，建議蓖麻油佔整體油的10％以內。

在藥局能買到500ml的瓶裝，蓖麻油有一種「蓖麻油的味道」為其特徵。據說在父母親那一代小時候是除蟲用的家庭常備藥，或許是這種孩童時代不太愉快的回憶，因此對某個年紀以上的人來說，不是受歡迎的味道。但如果只調配10％左右，幾乎聞不出味道，因此我並不在意，但如果對蓖麻油敏感，可使用香精油強烈的香味來覆蓋。如果堅持要添加來享受香味，建議多加一些香精油，因為放置太久蓖麻油的味道會日益增強。

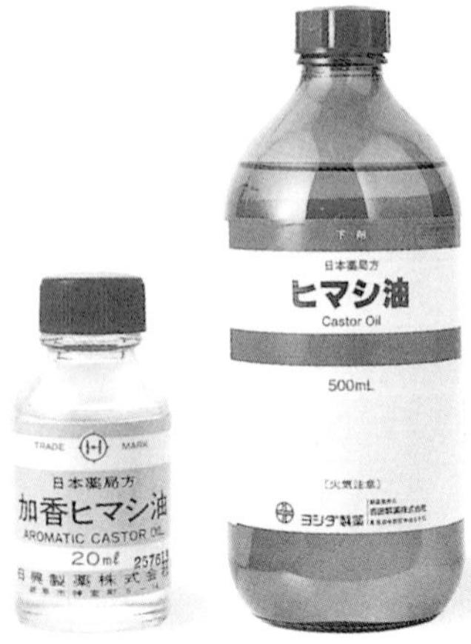

除500ml瓶裝之外，在藥局還能買到20ml小瓶裝。

以藥局處方的「加香蓖麻油」來出售的蓖麻油，全體的1％是添加香味的薄荷油和柑橘油，這是為了緩和用來做為瀉劑時難以吞嚥的味道所做的處置，不過對想嘗試蓖麻油在手工肥皂中有何效果的人來說，這種香味蓖麻油是非常適合的材料。每加1瓶(20ml)就增加苛性鈉2公克、精製水1小匙半來製作材料。如果是橄欖油肥皂就加1瓶，如果是馬賽肥皂就加2瓶。

等到變成像我一樣「非常喜歡添加蓖麻油的肥皂」之後，再改買大瓶裝來逐漸增加蓖麻油的調配量。

若不增加苛性鈉，在倒入模型前加入1大匙左右的作法，完全不適合用於蓖麻油，這樣會使完成的肥皂變得容易溶化變形，因此要注意。

花生油

這是把花生果實榨成的油。主要產地是中國及印度，尤其在中國常做為食用油。依精製的方法有很大差異，但花生油含豐富的卵磷脂及鈣、鐵、鎂、鋅等各種礦物質，以及具有抗氧化作用的維生素E等，因此在歐美用來做為按摩油或整髮用油的基材。

在具有保濕力的堅果系油中，因亞油酸的含量多，故略為清爽，容易滲透肌膚，製作成肥皂時起泡力佳，但如果基於相同理由單獨使用做成肥皂，就會變得稍軟。雖然同樣是花生油，但不同的精製方法，所含的維生素E量也差很多，氧化安定性也參差不齊。經由脫臭精製的，不鹼化物少，亞油酸的氧化容易進展，不耐用，因此在保管上要注意。如果是殘留堅果香味製作的油，就比較耐用，可活用其效能。

以較多油酸的油為主，加10％到20％的花生油，就能確保保濕力又有洗完後的清爽感，起泡力更好，只不過完全沒有硬度，也無抑制容易溶化的能力，因此要設法和其他油調配。

花生和大豆的過敏性高，在所有油中最多人出現過敏反應，因此稱不上適合大眾使用。其實我也不使用以花生油製作的肥皂。花生、花生醬、花生油等在食用上不會有問題，但製作成肥皂時，雖有洗完後的清爽滋潤感，但皮膚很快就會發癢，因此如果了解自己對花生油過敏，就避免使用。

可製作有保濕力的肥皂，但選擇材料時必須注意的較特殊的油

菜籽油、新菜籽油

大家耳熟能詳做為沙拉油原料的油，把油菜科的植物種籽榨成的油或以溶劑萃取出的油。自數千年前起就在印度、希臘、羅馬、中國等地做為燈火用或食用。

如表1(參照74~75頁)所示，傳統的菜籽油含芥子酸的脂肪酸40％以上。現在已經了解長期攝取芥子酸，會有引起心臟障礙的危險性，因此自1960年代起，在加拿大進行品種交配來開發低芥子酸的新種菜籽油。

看表1就會了解，新菜籽油含的油酸比例比傳統種較高，約60％。因為新菜籽油比橄欖油的價格便宜，因此可設法活用其性質來製作保濕力高又經濟的手工肥皂。只不過實際上很難成為令人滿意的材料。

其理由之一是，亞油酸佔20％以上，比亞油酸氧化速度快數倍的亞麻酸佔11％以上，因此非常容易變質、不耐用。新菜籽油所含的亞麻酸，就是近來在健康上受到矚目的α－亞麻酸，營養卓越，但製作成固體肥皂時，安定性差，如果單獨使用來製作，在熟成期間中就已經變色而發出異臭，而且也很難凝固。使用標示「第一次壓榨」的壓榨法榨出的上等油，雖然容易變質，但不鹼化物會發生作用，也會凝固，但如果使用以溶劑萃取、在市面出售的廉價新菜籽油，即使把鹼化率變成95％，通常也不會凝固。

現在能買到的新菜籽油多半是這種，因此很難做出令人滿意的肥皂，不過為了改善氧化安定性，含油酸將近80％、亞油酸佔13％左右的更新品種的油已經實用化，最近在店頭出售。使用這種油就會凝固，也不會很快就變質，能製作出和橄欖油肥皂外觀類似的肥皂，而且因亞油酸稍多而起泡佳。在新菜籽油中，只有這種油能實際用於製作肥皂。

只不過這種油是以「超級新菜籽油」的品名出售，價格並不便宜。

此外，棕櫚酸、硬脂酸等飽和脂肪酸的量非常少，因此使用時在倒入模型前的時間是橄欖油的1倍左右，完成後的清洗感覺還是不及含角鯊烯等不鹼化物的橄欖油肥皂。

最近橄欖油的價格已經變得較為便宜，因此我想不必特別去買這種新菜籽油來製作肥皂，但如果偶爾能便宜買到的話，不妨用來試試看，為能及早倒入模型，可加入可可油或蜜蠟(參照95~96頁)，或多量容易凝固的椰子油或棕櫚油，設法試做看看。當然如果不在意倒入模型的時間需要整整2天，以及倒出模型時尚軟這2點，還是能單獨使用。此外，傳統種的菜籽油和新菜籽油的鹼化價(參照103頁)有很大不同，請注意。

葵花油、高油酸葵花油

這是以壓榨法或溶劑萃取法從向日葵的種籽所得到的油。歐洲或美國、阿根廷是主要產地，維生素E含量多，在歐洲或中東、近東做為食用油很受歡迎。日本的北海道也有栽培。

和菜籽油一樣，有傳統種和品種交配而成的新種，因為性質完全不同，選擇時要注意。傳統種含亞油酸70％左右，不易凝固，而且容易氧化，單獨不適合製作肥皂。在熟成期間中已經開始劣化。但如果和更耐用的橄欖油等組合，控制在10％來調配使用，就能期待亞油酸的原味，使用時的感覺好，起泡力也佳。

20、30年前亞油酸以含有必須脂肪酸受到矚目時，做為上等食用油風靡全世界，但近年來因顧慮過度攝取亞油酸對健康造成的影響，使得不易氧化的新種受到矚目。

新種的葵花油是在前蘇聯開發，在美國改良而成，自80年代後半起，以「高油酸葵花油」實用化，在脂肪酸中80％以上是油酸。把這種油用來製作肥皂時，不論是外觀或使用感都和橄欖油的性質非常類似。雖有保濕力，但起泡稍差，氧化安定性也良好，類似橄欖油。不過，棕櫚酸和硬脂酸等飽和脂肪酸、不鹼化物的量比橄欖油少，因此倒入模型前要花很長的時間，才能變成和橄欖油肥皂一樣，或比橄欖油肥皂更容易溶化的肥皂。

在主產地的美國或歐洲，做為肥皂材料比橄欖油更經濟，因此一部分使用高油酸葵花油來代替。目前價格並沒有比橄欖油更經濟，但如果因打折而買到，不妨代替橄欖油來製作看看。

紅花油、高油酸紅花油

以壓榨法或溶劑萃取法從菊科的一年生草、紅花的種籽製作而成的油，美國為主要產地。除傳統種之外，也有以品種交配來改變脂肪酸的組成所得的新種，因此挑選時要注意。

在世界各地長久以來把顏色鮮豔的花瓣用來做為色素或化妝料，代替蕃紅花的香料來栽培，可是從種籽取得的油，本來用於工業要多於食用。1960年代以後，因攝取亞油酸對健康有益，使得傳統種的紅花油突然成為受到矚目的食用油。

傳統種紅花油的脂肪酸中，亞油酸佔80％左右，因此在植物油中含亞油酸最多。依據最近的研究了解，皮膚如果缺乏亞油酸，會引起各種肌膚毛病，因而開始嘗試把傳統種的紅花油做為化妝用油，不過缺點是非常容易氧化。清爽的使用感，適合用來做為按摩油或髮油，但用來製作肥皂時，在熟成期間中就已經開始劣化，發出難聞的味道，又不易凝固，因此和葵花油的傳統種一樣，不能單獨使用。如果要製作肥皂，最好控制在10％。

在日本對紅花油的印象是有益健康的高級沙拉油，可是近來已了解過度攝取亞油酸反而對健康不好。結果也變成和葵花油一樣，在市場上出現以品種交配而成的高油酸紅花油。

這種新種紅花油含油酸80%左右，亞油酸15%左右。因此製作成肥皂時，兼具油酸的保濕力及亞油酸的起泡性和清爽感，單獨使用製作肥皂時，外觀和橄欖油肥皂完全一樣，使用時起泡的情形也不錯。可是不鹼化物少，棕櫚酸、硬脂酸也極少，因此倒入模型前的時間和葵花油一樣，比橄欖油花的時間更長（依精製方法是2倍到3倍）。

在生產地的美國，是非常經濟的油，因此有時代替橄欖油用來做為肥皂的材料，不過因有高級沙拉油的印象，故價格高，因此沒有代替橄欖油使用的優點。

紅花油的情形還有一個缺點，就是商品的標籤上雖然標示「高亞油酸」、「高油酸」，但實際用來製作肥皂時，有些產品會出現不同的結果。以我個人的經驗來說，標示「高亞油酸」，實際上卻是「高油酸」的油有1種，標示「高油酸」，實際上卻是「高亞油酸」的油有1種，因為無標示，在購買前向製造商確認是「高亞油酸」，但實際上卻是「高油酸」的油有1種。當我感到驚訝而詢問製造商時，對方僅依照商標來回答，我又告知「我在製作肥皂時，並未出現應有的結果」，此時對方才承認「其實和商標上的種類不同」。

僅從外觀或味道不易區別油的脂肪酸組成。一般僅能憑商標來分辨，做出來的肥皂因品種不同而變成完全不同的結果，當然就會猶豫是否需要使用這種掛羊頭賣狗肉的油。

因此，我並不建議把紅花油用來做為肥皂的材料，但如果有人收到紅花油贈禮太多，用不完而不想浪費掉，此時若想用來做成肥皂，應先確認是高亞油酸還是高油酸（事先最好有心理準備，做出來的肥皂可能和預想中不一樣），再來考慮如何調配。

可製作有清爽感覺肥皂的油

芝麻油

這是把芝麻榨成的油，芝麻油雖比不上橄欖油，但也是能做為食用或護膚用的油。原料的芝麻主產地是印度及中國。

在古埃及用來做為醫療、香料等化妝油，在印度的傳統醫學上，是重要的按摩油。除印度之外，歐美、中國自古以來就用來做為醫藥品的基材，現今也做為各種乳液或軟膏的材料。不過在歐美的家庭還不懂得如何用來烹調，因此和茶花油一樣，並不熟悉如何做為家庭護膚用品的材料，以致卓越的功效不太為人所知。

芝麻油有兩種，一種是先炒芝麻再壓榨而成的琥珀色黑芝麻油，另一種是不炒，直接生榨而成的白芝麻油（或芝麻沙拉油）。炒芝麻油又有深炒與淺炒，種類繁多，白芝麻油依精製的程度，風味、品質各不相同，其變化種類多到可能和橄欖油差不多。在藥局能買到藥局處方的芝麻油。護膚用主要使用透明未炒過、無味的白芝麻油。

芝麻油含強力的抗氧化物質芝麻素、芝麻酚林、芝麻酚等不鹼化物，因此雖然亞油酸

的比例多，但氧化安定性極佳為特徵。因此如果想把亞油酸的效用利用在護膚上，是最適合的油。

在埃及使用芝麻油來保存木乃伊，印度也用於防止老化的按摩療法，可能就是從經驗上了解這種油特有的抗氧化物質的效果。

此外，芝麻素、芝麻酚林、芝麻酚也能發揮紫外線吸收材的作用，因此做為防止紫外線的油性基材，芝麻油具有卓越的效果。

除常用來做為防曬油或防紫外線乳液的基材之外，也用於芳香療法等所推薦的手工防曬乳液上。

以我個人的經驗來說，雖不能代替使用化學性紫外線吸收劑、散亂劑的強力防曬用品，但芝麻油特有的抗氧化物質容易被皮膚吸收，因此在日照強烈的季節，可搭配洋傘或帽子等，使用調配多量芝麻油的肥皂，在化妝打底時塗抹以芝麻油為基材的乳液，就有一定的效果。此外，把芝麻油混合化妝水也能使用，不必刻意製作乳液。

然而，如表1所示，芝麻油在油中殘留多少不鹼化物，依精製的方法而有很大差異，使氧化安定性、護膚的效果也不同。此外，芝麻油的抗氧化物質有些是在油的製造過程中生成，炒過的芝麻油比白芝麻油的含量稍多。

油酸約40%，亞油酸約45%，因此製作出來的肥皂比橄欖油、茶花油、椰子油肥皂洗完的感覺更清爽。因此最適合做為夏天用或油性皮膚、面皰用肥皂的材料。起泡雖然沒有椰子油那般大，但也不差，而且完成時也稍軟，這些都是亞油酸含量多的油的特徵。

如果單獨使用白芝麻油製作肥皂，會做出有漂亮粉紅色的肥皂（**太白芝麻油458公克、苛性鈉53公克或56公克、精製水180cc**）。我個人偏好在這種肥皂中加入混合紅木和天竺葵的香味。

雖然是稍軟的肥皂，但若為了呈現出硬度，抑制不易溶化變形，只要適量調配椰子油或棕櫚油即可。這樣會更增加清爽感，最適合油性肌膚的人用來沐浴（如果要用來洗髮，除非是出油多的頭髮，否則可能會太乾燥而變得太澀）。以馬賽肥皂的調配，把橄欖油全部改為白芝麻油來使用看看，就能做出有漂亮淺粉紅色的肥皂。苛性鈉的量、水量都不變。芝麻油和橄欖油的鹼化價大致相同，從這點來說，可謂非常好用的油。但卻不像馬賽肥皂那樣耐用，因此請儘快用完。

此外，各使用一半橄欖油和白芝麻油，即使顏色不會變成粉紅色，但能保持滋潤和清爽的平衡。因此可依個人偏好的保濕度來斟酌使用。

我個人喜歡把炒過的芝麻油調配在肥皂中，但因會殘留一股芝麻強烈的香味，故單獨使用可能不太適合，如果調配30%左右，就有微微的香味，感覺很好。如果單獨使用淺炒的芝麻油或以低溫壓榨細心製作的芝麻油，香味就會變得柔和，洗完的感覺也極佳。古代把芝麻的香味用來做為薰香，炒過的芝麻油含豐富的抗氧化物質，因此請務必多下點工夫使用看看

米(糠)油、玉米(胚芽)油、小麥胚芽油

這三種油都是從各種植物果實的胚芽部分所製造出來的油，性質極為類似。此外，米(糠)油是以碾米時的副產物來製作，玉米(胚芽)油是以製造玉米澱粉時的副產物來製作，小麥胚芽油是以製粉時的副產物來製作，這也是三者的共通點。固醇或維生素E等不飽化物含量非常豐富。

在調配肥皂上，最適合的是米(糠)油。含有抗氧化效果的維生素E、穀維素或有保濕效果的固醇、角鯊烯、蠟等許多不飽化物，油酸在三種油中最多，容易氧化的亞油酸少。可是這種油也因精製方法殘留多少這種有用的不飽化物而有極大差異，如果使用不飽化物含量少的米(糠)油來製作肥皂，壽命一定會縮短。因此挑選刻意保留有用成分所製造的油，不論是做為食用或是護膚用，都很重要。

不飽化物多的米(糠)油，即使單獨使用來製作，倒入模型前的時間也很短，從2、3小時到1小時以內就能倒入，雖然亞油酸多，但完成的肥皂硬度尚可。這也是亞油酸的性質，起泡佳、清爽的使用感，不過在不飽化物的性質上，有獨特的保濕力，洗完後會感到柔滑舒適。如果在意溶化變形，可組合椰子油或棕櫚油。如果想做成活用米(糠)油性質的肥皂，可依個人喜好調配20%以上。但對米糠過敏的人不能使用，因此請注意。

玉米(胚芽)油含豐富維生素E，做為食用油被認為氧化安定性佳，但含50%以上的亞油酸，因此如果用來製作肥皂，這種不飽化物的量似乎很難抑制氧化。以我個人的試驗範圍來說，還未碰過能匹敵米(糠)油般安定性的玉米油，多半是尚未完成就開始氧化。如果想製作活用胚芽油「清爽柔滑」特性的肥皂，建議不要使用玉米油，而使用米(糠)油。

小麥胚芽油也含豐富有抗氧化作用的維生素E。在芳香療法店通常會加入少量，以延長其他容易氧化的按摩用基礎油的壽命，手工的護膚用品是用來做為晚霜或眼霜的材料。

在手工肥皂上，被認為能使未飽化留下的剩餘油耐用，可是小麥胚芽油本身含容易氧化的亞油酸50%以上。只要加入整體油的5%，就會出現明顯的效果，但如果使用芳香療法用的油，價格太高，因此我不認為實際上會有相乘這種價格的效果。

如果是乳液或按摩油等並非暴露在空氣中來保管的油，為同時納入亞油酸纖細的效用，小麥胚芽油有效果；但如果為了使肥皂耐用而使用，效率就差，有些勉強。

如果使用植物油中含維生素E最多，而且在脂肪酸的性質上安定性極高的紅棕櫚油10%(變成胡蘿蔔素橙色的肥皂)，就有變成耐用的效果，在價格上也更便宜。另也有加入抗菌作用、抗氧化作用的香精油的作法，可兼具添加香味。

使用小麥胚芽油，與其說是為了使肥皂耐用，不如說是期待亞油酸效果、胚芽油的保溼效果來得更適合。如果為了達成這個目的，我建議使用能以適當價格買到的優質米(糠)油。

無論是米、玉米、小麥哪一種胚芽油，都呈現略帶紅色的黃色，做成肥皂會變成黃色。此外，有胚芽特有的味道也是一大特徵。如果想享受這種香味，添加香味時可強一點。

和其他油的原料相比，胚芽所含的油份很少，包括芳香療法用的油在內，胚芽油幾乎都是以溶劑萃取法製成的。此外，在農作物中胚芽是容易殘

留農藥的部分，因此如果對油所殘留的溶劑或農藥敏感，使用胚芽油時就要多加留意。

棉籽油

壓榨棉的種籽精製而成的油，在美國本來做為棉花產業的副產物而誕生。亞油酸、棕櫚油含量多，常被用來做為高級沙拉油或馬琪琳、油酥的材料。但最近因過度攝取亞油酸或飽和脂肪酸被視為問題，故並不是值得推薦的食用油。

飽和脂肪酸的棕櫚酸較多，佔20%左右，因此以液狀油來說，能製作出很硬的肥皂。此外，藉由少量含有的肉荳蔻酸，以及佔56%的亞油酸的相乘效果，起泡大又持久是一大特徵。如果買不到椰子油，但希望肥皂硬又能迅速起泡，只要調配整體20%的棉籽油，就能出現和加入椰子油10%一樣的效果。

因亞油酸多，不皂化物中保濕成分不特別多，因此洗完很清爽，可說是乾爽的感覺。

如果顧及起泡佳和硬度，在製作肥皂上似乎是有用的油。做為食用油雖被認為氧化安定性高，但做成肥皂時則有很快劣化的缺點，因此不能單獨使用。如果非使用不可，必須以20%為上限。

棉花產業原本就不是食品產業，因此在栽培棉的時候，通常會使用很多農藥，故有人對把棉籽油做為食用油的安全性存疑。所以如果擔心農藥的問題，就不要使用。

大豆油

以大豆為原料，採用溶劑萃取法製作的油。主要產地是美國及巴西、中國，但和菜籽油一樣精製的大豆油，也做為便宜的沙拉油原料，是消費最多的油之一。

大豆原油含豐富的磷脂質、固醇、角鯊烯、維生素E等不皂化物，但為了製作大豆卵磷脂或維生素E錠劑等健康輔助食品，在精製的過程中幾乎把有用的成分都去除掉。而且又是由亞油酸50%以上、亞麻酸約8%組成，因此有非常容易劣化的特徵。

殘留許多不皂化物製法的油，能在天然食品店買到，在藥局也以藥局處方大豆油出售，單獨使用這種油為材料，就能製作出起泡佳、使用感舒服的肥皂，不過亞油酸和亞麻酸的比例多，因此缺點是會變得很軟，很不容易凝固，不易處理又容易變形。如果熟成期間結束才開始使用，劣化已經開始而發出異臭。此外，對大豆過敏的人使用時，有時皮膚會發癢。即使和其他油組合，也沒有能彌補缺點的特別效用。

基於這些理由，雖然是便宜又普遍的油，但並不適合做為肥皂的材料。如果想獲得亞油酸效果，使用上面介紹的芝麻油或米（糠）油較好。

葡萄籽油

把葡萄的種籽壓榨、精製而成的油，是葡萄產業的副產物，因此主要產地是義大利或智利、法國等葡萄的產地。

沒有變應素、容易滲透皮膚、清爽的使用感，因此用來做為按摩油，也常用來做為乳霜或乳液的基材。在不皂化物中的多酚有抗氧化作用。

有一段時間因在電視上被大肆報導而大受歡迎，我也因此接到不少來電詢問使用這種油來製作肥皂的效果如何。

如果使用這種油來製作肥皂，因亞油酸佔60%，因此若單獨使用很難凝固，而且容易變質，洗後的感覺也不太清爽，因此必須注意使用的份量。如果想使用葡萄籽油來為皮膚帶來亞油酸效果，就調配10%左右為上限較好。

葡萄酒用的葡萄栽培通常都使用很多農藥，可能會殘留在種籽中，也有報告指出不能忽略葡萄籽油中可能殘留農藥的問題。如果能買到無農藥、有機栽培的葡萄種籽榨出的油，當然最好不過。

核桃油

壓榨核桃果實製成的油，法國、義大利、美國為主要產地。經過脫臭精製的產品已沒有什麼味道，而細心製作、殘留香味的油有核桃本身的香味，非常美味，而且含人體容易不足的α－亞麻酸，因此建議積極納入飲食生活中。

和葡萄籽油一樣容易滲透皮膚，洗後的感覺清爽，因為含對肌膚有益的必須脂肪酸，故在歐洲被用來做為上等的按摩油或乳液的基材。

不過亞油酸含將近60%，亞麻酸也含10%以上，因此做成肥皂很容易氧化，不易凝固，所以最好和葡萄籽油一樣，調配在10%以下。

對皮膚有特別效用的油

kukui nut 油

壓榨夏威夷核果樹的果實而成的油。夏威夷核果樹是夏威夷原產的樹木，被指定為夏威夷州樹。

在夏威夷很早以前就用來治療因強烈日照或海風受傷的皮膚，或刀傷、燙傷等，是保護嬰兒皮膚不可欠缺的油。

近年來夏威夷核油對肌膚的各種顯著效用受到矚目，因而皮膚科醫生或開發化妝品專家也開始研究。

在臨床上有許多關於對各種頑固溼疹或面皰、曬傷、凍傷、裂傷、嚴重的肌膚乾燥等非常有效的報告。非常容易被皮膚吸收，因此直接塗抹也容易滲透，不會殘留油膩感。形成保護肌膚又不妨礙皮脂腺或汗腺一切活動的理想保濕膜。有夏威夷核果特有的輕微樹果香味。

亞油酸40%以及亞麻酸30%等人體無法單獨製造的必須脂肪酸就佔70%，亞麻酸的比例高為特徵。這種均衡正是其他油所沒有的效用的理由，不論鹼化物具有何種效果也令人很感興趣。因為被認為有阻斷陽光效果，故也常調配在防曬乳液中。

因為亞油酸、亞麻酸的比例高，氧化容易進展，故調配維生素E和維生素C的產品做為護膚用出售。因生產的地區有限，而且做法又細心，因此屬於高價的油。日本現在似乎在一般商店還買不到，因此如果想在日本買到，可直接向夏威夷的販售店下單，以郵寄方式取貨，或是前往夏威夷旅行時順便購買。

有關其他的油，如果高價或不易買到、不耐用，我建議儘量以其他的油來代替，我本身也是這麼做，至於有關這種夏威夷核油，我則建議如果有機會務必試一次看看。因為會感受到其他油所沒有的特別大的護膚效果。當感覺肌膚或頭髮狀況不佳時，可用來加以挽救。也能和橄欖油或茶花油、荷荷巴油一樣，用來做為化妝油，不過清爽的使用感在做成肥皂時，更能實際感受到其優點。

調配夏威夷核油10％到20％所製作的肥皂非常棒，我想使用其他油可能做不出使用感如此棒的好肥皂。如果組合夏威夷的另一種特產、具有高度護膚效果的夏威夷堅果油，從脂肪酸的組成來看，沒有任何調配能比得上。

以夏威夷核油130g（全體油脂的20％）、夏威夷堅果油98g（約15％）、橄欖油229g（約35％）、棕櫚油98g（約15％）、椰子油98g（15％）、苛性蘇打（氫氧化鈉）80g（皂化率85％）、純水250cc試看看。

使用這種肥皂洗臉、洗髮後的感覺妙不可言，值得向大家推薦。尤其是對粗糙肌膚的修復力或清洗受損頭髮時的使用感，就連習慣手工肥皂優點的人都會感到驚訝，因此我製作時特別慎重，並把做好的肥皂裝入罐子，放在冰箱的冷藏庫保管，因這種肥皂是唯一讓人不嫌麻煩刻意製作的肥皂。

除肥皂之外，油最好也在冷藏庫保管。

月見草油

這是把月見草的種籽榨成的油，主要產地是美國、加拿大、英國、中國等。美國東部

的印地安人用來做為皮膚病或氣喘、炎症等的治療藥。

亞油酸較多，佔70％，但特徵是含9％左右的亞麻酸是γ—亞麻酸。人體如果γ—亞麻酸不足，被認為是過敏性皮膚炎的原因之一，據說塗抹月見草油就有緩和皮膚過敏症狀的效果，因此常被添加在問題肌膚用的乳霜或按摩油中。

在芳香療法店能買到，但比夏威夷核油更高價，而且容易氧化，故無法大量加在肥皂材料中。

最常見的使用法是倒入模型前，在馬賽肥皂的份量中加1大匙左右的月見草油混合，但容易氧化是一大缺點。月見草油的效用並非保濕，而是對過敏或粗糙肌膚的γ—亞麻酸效果，如此想來與其加入做不成肥皂只留下氧化快速的生油，不如一開始就在整體油中混合15公克的月見草油，加苛性鈉2公克來做成材料，以這種做法來活用脂肪酸的效用。

以我個人來說，與其用來加在肥皂中，不如加在乳霜或化妝油中直接塗抹，更能實際感受到其效果。油請在冷藏庫中保管。

玫瑰花蕾油（薔薇果油）

把所謂玫瑰花蕾的薔薇科植物的種籽榨成的油，主要產地是南美及北歐。玫瑰花蕾的種籽含多量維生素C，因此常用來做為感冒藥或天然維生素C的材料。

這種油均衡含有亞油酸44％、亞麻酸35％等必需脂肪酸，非常類似夏威夷核油，對治療燙傷或刀傷、皮膚炎症有效，也有報告顯示對除皺有明顯的效果，可加在問題皮膚用的乳霜或按摩油、眼霜中使用。

在芳香療法店能買到，但和月見草油一樣很高價，而且容易變質。適合直接塗抹在皮膚上來產生效果，但如果做成肥皂就不能期待保濕效果，而是為了達到必須脂肪酸的亞油

酸和亞麻酸的效用為目的，因為容易氧化，故並非在倒入模型前才混合，而是和月見草油一樣，在準備材料時就加入15公克左右。

油開封後，請在冷藏庫中保管。

荷荷巴油

荷荷巴是美國西南部、墨西哥北部的沙漠自生的常綠灌木，把其種籽榨成的油就是荷荷巴油。雖然稱之為「油」，但其構成成分是結合脂肪酸和酒精所生成的所謂酯，也就是液體蠟。氧化安定性非常高，容易適應皮膚，使用感清爽為特徵。

能在皮膚形成一層既能保持水分又不妨礙皮膚呼吸的優質保濕膜。蠟是做為皮脂的成分所含的物質，因此有助於自然調整皮膚的狀態，抑制過度分泌皮脂的效果。如果調配在乳霜或洗髮用肥皂、洗臉肥皂中，就會成為使用感極佳的肥皂。鹼化價低，必要的苛性鈉量少，因此做出的肥皂很溫和。

非常不容易變質，因此為提高保濕效果，最適合以生的狀態留在肥皂材料中。**倒入模型前，在馬賽肥皂的份量中加入1大匙左右攪拌混合來使用**。如果想更加活用荷荷巴油清爽舒適的保溼效果，就以整體油的7、8%為上限來調配看看。「最奢侈的肥皂」就是最大限活用荷荷巴油性質的配方，因此請務必一試。

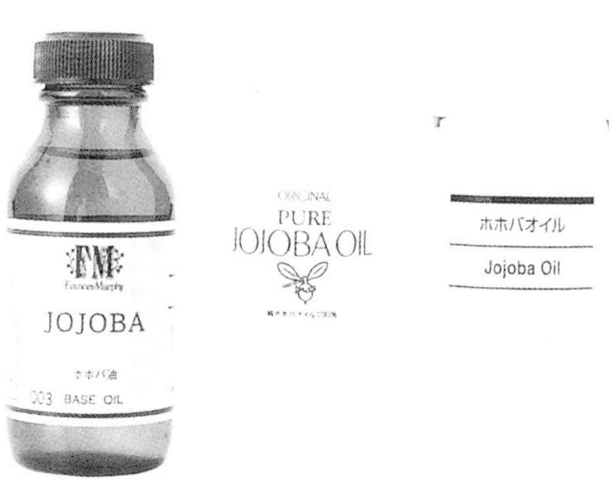

用於護膚用品的動物性蠟及油脂

蜜蠟

從蜜蜂所採取的蠟，古希臘、羅馬時代就用來做為乳霜或軟膏的乳化劑。精製、漂白前的蠟是黃色，有蜂蜜般的芳香。雪白、無臭的蠟被稱為漂白蠟，主要是用來做為化妝品添加香味或著色的材料。不過我偏好蜂蜜的香味，因此幾乎都使用未精製的蠟做為乳霜的材料。任何一種蠟都能在芳香療法店買到。

在製作肥皂時，如果使用不易凝固的油，為使完成時變硬，不易溶化變形，以及大幅縮短倒入模型前的時間，經常使用蠟來使作業變得輕鬆。

譬如製作橄欖油肥皂時，只要在65℃份量的油中加入溶化的25公克蜜蠟來製作材料，不需1小時就能倒入模型。看表1就會了解，蜜蠟的溶點很高，是61℃到66℃，隨著材料的溫度下降會逐漸凝固。這並非油的鹼化快速上升，因此不會縮短熟成期間。

為了出現凝固的效果，通常調配整體油5%左右的蜜蠟，之所以控制使用如此少量，是因比其他油的溶點高很多，會在皮膚上殘留一層黏黏的薄膜觸感。我個人比較偏好有保濕力、洗完後有清爽感的肥皂，因此不太喜歡加入蜜蠟的肥皂那種厚重的使用感。

觀看蠟成分以外的脂肪酸

組成，對皮脂腺的活動沒有太大用處的棕櫚酸佔94%左右，因此完全不能期待對肌膚的效用，也不會像椰子油般，添加進去能使完成的肥皂的鹼度下降。如果想早點倒入模型或變得硬而不易溶化變形，考慮到皮膚，最好使用椰子油或增加棕櫚油的調配。

對蜂蜜過敏的人，有時不能使用蜜蠟做為乳霜或軟膏的材料，因此請注意。

羊毛脂

這是羊的皮脂腺之脂肪質分泌物，精製羊毛時採取。在化學上不被分類為油而是蠟。羊有類似人的皮脂作用的物質，扮演保護羊毛的角色。

之所以未列入前表之中，是因脂肪酸組成非常複雜又特殊，不能和其他油脂並列比較。溶點從31℃到43℃。黏稠的軟膏狀，有一股羊毛的味道。因為是蠟，不鹼化物的比例高，從35%到46%。

約2%到7%的人對羊毛脂過敏，會引起接觸性皮膚炎，因此成為標示指定成分，不過水份保持力很高，對適合使用的人來說，對嚴重的乾性肌膚或裂傷有很大效果。歐美普遍用來做為手工護膚用品的材料，在日本的藥局也能買到藥局處方的「精製羊毛脂」。對羊毛過敏的人，不一定也對羊毛脂過敏，但可能性高，因此最好小心一點。

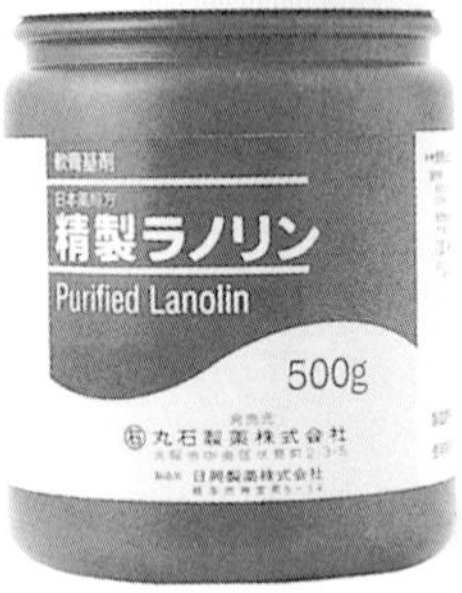

我不喜歡羊毛脂塗在皮膚時的厚重黏稠感，雖然對羊毛脂不過敏，不至於引起皮膚炎，但也會發癢，因此不會用來做為保濕乳液，當然也不會添加在肥皂中，除非是偏好羊毛脂的朋友要求製作。對愛用者來說，羊毛脂也能做成護手霜或護唇膏，以及修指甲時使用，因此非常偏愛。

因為還有其他對乾燥肌膚有益的安全材料，所以如果以往從未使用過，也不必刻意使用這種很可能引起過敏的材料，但如果愛用羊毛脂，堅持在肥皂中加入這種效能，可把溶化的1大匙羊毛脂混合在馬賽肥皂材料的油中，或是在倒入模型前溶化加入。

如果因個人偏好而在材料中加太多的份量，使用感就會變得厚重，因此以整體油的4%左右為上限即可。

貂油、馬油

貂油是從貂的皮下脂肪所採取的油，含幫助細胞再生的棕櫚油酸約17%為一大特徵。因此在動物油脂中，對肌膚的效用特別卓越，用來做為各種化妝品的原料。不過近來基於保護動物的觀點，已很難買到，以致於具有類似性質的馬油受到矚目。

馬油是從馬的皮下脂肪所採取的油，尤其是鬃毛下頸部的脂肪，含其他油約2倍、15%左右的棕櫚油酸。因此以溶點高的動物油脂來說，非常適應肌膚，而且使用感清爽，容易滲透肌膚。

在出售健康食品的藥房能買到從鬃毛下部採取的馬油，但價格昂貴，無法大量調配在肥皂中。**不過溶化1大匙左右，在倒入模型前混合攪拌的作法有效**，因此愛用馬油的人不妨一試。如果想調配更多量，因為亞油酸、亞麻酸合計20%左右，故氧化安定性不太好，可依份量來增加苛性鈉。

我本身為了把棕櫚油酸效果納入護膚及飲食生活中，平時就使用夏威夷堅果油和榛子油。兩者都含20%以上的棕櫚油酸，在液狀植物油中是最適應皮膚的油。而且比從鬃毛下部所採取的護膚用馬油便宜。

蛋黃油

以溶劑從蛋黃中萃取出的油。做為不鹼化物，含保濕效果高、對肌膚有用的磷脂質，各種維生素含量也豐富，因此廣泛使用在乳霜或洗髮精等護髮用品。

在健康食品店或藥局能買到，不過價格昂貴。如果想添加在肥皂中，與其刻意購買蛋黃油，不如試試55頁介紹的蛋肥皂，即能以自然的形態獲得充分的效果。

牛脂、豬脂、乳脂

這三種都是在每天的飲食生活中容易取得的油，因此北美的家庭在製作肥皂時傳統上經常使用。

牛脂除用於家庭的手工肥皂之外，自數百年前到今天，在工業上一直用來做為肥皂原料的油脂。以橄欖油為原料的卡蘇迪爾肥皂或馬賽肥皂等地中海地區的肥皂，以及以牛脂為原料的英國溫莎肥皂均聞名於世，這種牛脂肥皂的傳統且傳承到了美國。

牛脂的溶點很高，約45℃到50℃，倒入模型前的時間短，而且完成時很硬。和椰子油組合就能彌補起泡不佳的缺點，成為不易溶化變形的肥皂。除凝固快的容易製作性和不易溶化的容易使用性之外，最重要的是經濟實惠，「牛脂80%、椰子油20%」是長久以來工業上製作肥皂的標準調配。

不過牛脂並非用來針對肌膚效用的油，雖然做為軟膏等外用藥的基材，但自古以來從未用來做為化妝用乳液等家庭護膚用品的材料。

在北美成為手工肥皂標準教科書、由蘇珊·米拉·卡維奇所寫的The Soapmaker's Companion（『手工肥皂指南』）一書中，對做為肥皂材料的牛脂有如下記述：「被認為會阻塞毛孔，成為黑頭粉刺的原因，如果是敏感肌膚可能會引起溼疹」，從經驗上認為牛脂可能成為皮膚毛病原因的人越來越多。

實際上，以所謂黃金過程的手工肥皂作法製作的牛脂肥皂，如果和植物油原料的肥皂來比較使用感覺，就會明確了解洗完後感覺皮膚有一層膜。

如上所述，以馬油為主體的肥皂，因為棕櫚油酸多的脂肪酸組成的特殊性質，在動物性油脂中使用感比較清爽，但如果把牛脂肥皂和後述的豬脂或乳脂比較，使用感更厚重。即使並非採用留下剩餘油的黃金過程法，而是使用將油完全鹼化的鍋煮法製作的牛脂肥皂，但和以植物油為原料的肥皂相比，確有較為厚重的使用感。

護膚所使用的油或脂肪酸，為不妨礙皮脂腺或汗腺的活動，塗在皮膚上時非液狀不可，因此必須能被皮膚的溫度溶化。使用溶點約45℃到50℃、比體溫高很多的牛脂製作的肥皂，洗完後有厚重感的理由在此。如果在皮膚上形成水份難以透過的油性膜，就會妨礙出汗，有時會變成伴隨發燒的炎症或如汗皰般溼疹的原因。尤其是以原料的油不會100%變成肥皂的黃金過程法製作的牛脂肥皂，除肥皂份之外，還會殘留牛脂的性質，因此會在肌膚留下一層薄膜。

如何在剛洗完的肌膚上留下好的油或脂肪酸，以發揮護膚效果，是手工肥皂應重視的要點，因此我本身不會刻意使用牛脂做為肥皂的材料。

肥皂並非「只是洗去污垢」，不同的材料油，護膚效果也大不相同，這種看法已成為定論，而把研究各種油脂的成果納入肥皂製造上，在歐美也是最近20年的事。因此在牛脂肥皂歷史悠久的美國，現在仍有人堅持把方便又經濟的牛脂做為手工肥皂的材料。

使用牛脂在家製作肥皂的方法，在70年代美國出版的一本由安・普拉姆遜所著的手工肥皂書中，有詳細的介紹。

豬脂在工業上用來製作肥皂並沒有像牛脂那麼多，但在北美的家庭經常做為食用油，因此和牛脂一樣，長久以來成為手工肥皂的主要原料。如果以精製豬脂來製作，就會變成硬又雪白的肥皂，起泡也不錯，使用感比牛脂稍微清爽。不過並非用來沐浴，主要是用來做為洗衣用或居家用肥皂。

理由在於其味道。牛脂肥皂雖然也有一股特殊的味道，但習慣後就不太在意，豬脂肥皂的味道則非常強烈。我的美籍公公想起孩提時期在家使用自製豬脂肥皂時，常皺著眉頭說：「真的不敢用來洗澡！」。但如果放置3個月，味道就不會那麼重，而比較能使用。

乳脂是非常古老肥皂的材料，在北美往昔農場的配方，對使用方法的記載是在牛脂肥皂中添加一部分乳脂或最後再加一點，以提高其等級。實際上，乳脂含月桂酸或肉荳蔻酸，因此肥皂會起細的泡沫，和牛脂相比，洗完的感覺更清爽而潤滑。但如果使用乳脂製作肥皂，會釋放出不亞於豬脂的強烈味道。

在從前乳脂受到看重的農場生活中，如果在製作肥皂時加入，是很奢侈的事。雖然味道強烈，但如果考慮到皮膚而勇敢加入，來提高牛脂肥皂的使用感，並不為過。不過現在即使考慮到起泡或對肌膚的效用，基於還有其他可代替的好材料，已不會特別選用乳脂。

調整食用油脂

沙拉油

幾乎都是以新種菜籽油和大豆油調配而成，其比例依製造商而異，詢問任何一家製造商，都以調配比例是「商業機密」而不願回答。

因此無法正確計算出苛性鈉的量，如上所述，做為肥皂的材料，新菜籽油和大豆油是很難處理的油。

配合鹼化價高的大豆油，以95%的鹼化率來製作材料，即使使用大型製造商暢銷的沙拉油，也不能獲得滿意的凝固程度。而且氧化也快，通常在熟成期間的初期階段就開始發出異臭。

因此很遺憾的，並不值得推薦為做肥皂的材料。

有關棉籽油100%的沙拉油

，請參照棉籽油的解說。

油酥

如果在新菜籽油、大豆油、玉米油、棉籽油等液體植物油中添加氫來做化學處理，就能提高氧化安定性，同時變成固體脂肪的產品。用於烤餅能變得酥鬆。

在製造過程中，原料的油具有的化學效用會完全消失，因此不論是在營養上或護膚效果上，都沒有優點。只因為是固體油脂，故用來製作肥皂時容易凝固，完成時的氧化安定性比原料的液體油好。美國在市面上有出售家庭用、價格便宜的油酥，因此很早以前就被用來做為手工肥皂的材料。

沒有棕櫚油般的硬度，以油酥做成的肥皂，起泡比原來的液體油差。但如果買不到棕櫚油或希望硬度達到某種程度，只要調配20%到30%即可。

美國的代表性油酥，是P&G的庫力斯克商品，這是以大豆油和棉籽油為材料。調配比例雖不清楚，但主要原料是大豆油，鹼化價也比棉籽油稍低，因此以大豆油來決定苛性鈉的量比較安全。不過我國目前是以製作糖果糕餅用的進口材料在市面上出售，因此並不屬於經濟的油。

有關原料的油，標示為「植物油」的產品，通常是組合新菜籽油和大豆油、玉米油、棕櫚油、棉籽油等多種油，和沙拉油一樣無法計算出苛性鈉的量。其中有些油則是單獨使用玉米油製作的，但要特別確認。

因對健康有益而受到矚目的兩種食用植物油

亞麻仁油、紫蘇油

在飲食上極端攝取亞油酸等飽和脂肪酸，是引起高血壓或心臟病、動脈硬化、異位性皮膚炎等各種疾病的原因。於是藉由飲食生活來矯正已失衡的脂肪酸，站在營養學的立場，推薦攝取α－亞麻酸。

亞麻仁油和紫蘇油含豐富的α－亞麻酸，因此成為最近備受矚目的食用油。亞麻仁油是從亞麻的種籽榨成的，主要產地是美國及加拿大。紫蘇油是從紫蘇的種籽或紫蘇科的植物荏子的種籽榨成的油，在中國或朝鮮半島自古以來就做為食用、藥用。

這兩種油被認為對過敏性皮膚炎有效，因此在飲食生活中常使用這種油的讀者，紛紛來函詢問能否使用亞麻仁油或紫蘇油來製作過敏用肥皂。

但非常遺憾的，在脂肪酸中，α－亞麻酸的氧化速度很快，做成肥皂時不耐1個月熟成期間，因此無法活用其難得的效果，如果要使用亞麻仁油和紫蘇油，建議還是趁新鮮食用。

有不少為各種皮膚毛病煩惱的讀者，來函表示只要改用橄欖油肥皂或馬賽肥皂等手工肥皂，就能減輕惱人的症狀，對緩和溼疹或炎症的症狀特別有效的護膚用油有夏威夷核油及月見草油。含有幫助皮膚再生的棕櫚油酸的夏威夷堅果油或榛子油、馬油等，對惱人的皮膚炎、溼疹多半也有效，有興趣的人不妨善用來護膚。

自創肥皂的配方與作法

所謂「對肌膚溫和、起泡佳、不易溶化變形」，是對肥皂大致上共同的喜好，如果自己製作、自己使用，不管使用什麼材料，製作出什麼肥皂，都是個人的自由。就拿「對肌膚溫和」這一點來說，追求什麼效用，不同的油有各種不同的選項，相信經由前面的說明各位已經充分了解。

接下來將舉例說明依自己的需要和喜好來選擇油的組合，自創製作肥皂配方、作法的程序。

配方作法的程序

1 思考希望製作哪種肥皂 依此想法來決定油的調配比例

使用哪一種油、如何使用，雖是個人自由，但為了製作出對肌膚有益、不會氧化、能凝固成固體的肥皂，必須遵照油調配比例的基準。因此請先仔細閱讀各種「油的特徵和用法」，了解想使用的油的性質。

首先，具體想像希望製作的肥皂形象。例如想像「製作有幫助修復傷口或肌膚粗糙效用的肥皂。可用來洗臉、沐浴，不易溶化變形的肥皂。也許能洗去海水，保養在海水中游泳後被陽光曬傷的肌膚，起泡性佳」等等。

希望一開始即會起泡，而使用在硬水也能保持洗淨力的椰子油，在不必擔心刺激皮膚的範圍最上限是20％。在此假定是最高的調配量。

其次，剩下的80％中，以較大比例使用含有幫助修復傷口或粗糙肌膚的天然葫蘿蔔素，又能防止溶化變形的紅棕櫚油（葫蘿蔔素），但不能期待棕櫚油有保溼效果，因此各半組合有保溼效果的橄欖油，如此一來就決定出下表的比例。

紅棕櫚油 (葫蘿蔔素) 40%
(有修復傷口或保護粗糙肌膚的效果，並能以及防止溶化變形)

橄欖油　40%
(確保保溼效果)

椰子油　20%
(在硬水中也能起泡和保持洗淨力)

2 決定整體油的量 然後依比例來計算各種油的量

如果要製作6個到8個牛奶盒的肥皂，整體油的量是450公克到650公克。

假定整體油是600公克，以1決定的比例來計算出各種油的份量（參照下表）。

這樣就能計算出製作1次份材料的各種油的份量。

紅棕櫚油（葫蘿蔔素）	600g×0.4＝240g
橄欖油	600g×0.4＝240g
椰子油	600g×0.2＝120g

3 計算精製水的量

翻閱任何一本有關手工肥皂的參考書時，對如何決定水量，都未明確提出有根據的指標。因此依個人的經驗來計算難免會參差不齊，如果依據我的配方，對油的範圍是30％到40％左右。

開始時為了早點乾燥，通常會有儘量以少量的水來製作的想法，而做各種嘗試。但如果對油是30％到35％，在溼氣多的季節沒有問題，但若以相同的水量在空氣乾燥的季節製作，有時會多次出現裂痕，因此在製作配方時，初期如何設定水量的基準，我也處在摸索的狀態。現在回到製作肥皂的原點，依照在17世紀末期為了保持品質所訂出的馬賽肥皂製法規則「橄欖油72％、水分28％」的正確數字。亦即，油對水的比例基本上是72對28。如此一來，水是油的約39％左右的比率。如果水太少，鹼化就不能順利進行，形成的材料不均勻或完成時會出現裂痕，但如果以這種比例，不論使用哪種油，都不必擔心水太少。有些季節或許以稍少的水也能製作，但水分很快就會飛散，因此多一點總比不夠來得保險，比較不會失敗。

因此現在希望製作的配方，油是600公克，依此把水量定為X公克，以右側公式計算時，小數點以下四捨五入為233，算出對這種份量的油的水量是233公克。

600：X＝72：28

X是以

600×28÷72

算出

4 計算苛性鈉的量

不同種類的油脂，製作肥皂所需的苛性鈉的量也不同。

請參照「各種油脂的鹼化價及依此換算出來的苛性鈉的量」的表（103頁）。油脂名稱旁的「鹼化價」，就是把油脂1000mg做成肥皂時所需的苛性鉀（相對於製作固體肥皂時所使用的苛性鈉，這是用來製作液體肥皂材料的軟肥皂)的mg數。

例如若要把椰子油1000mg做成肥皂，就需要258mg的苛性鉀。

現在我們想製作的是固體肥皂而非液體肥皂，因此在旁邊的欄標示把苛性鉀改為苛性鈉的量，為了方便計算也把單位的數字從mg換算成公克（鹼化價，亦即以苛性鉀的量計算出苛性鈉的量時，就要以下列公式來計算：）。

「鹼化價×40／56.1」

在椰子油的苛性鈉換算值欄的0・184數字，就是表示把椰子油1公克做成肥皂時，需要苛性鈉0・184公克。

現在請再次回想一下希望製作的肥皂所使用的油的種類和份量。

紅棕櫚油 (葫蘿蔔素)	240g
橄欖油	240g
椰子油	120g

從表3的棕櫚油欄來看，紅棕櫚油的鹼化價是203，其苛性鈉換算值是0・145。亦即以棕櫚油1公克做成肥皂時，需要0・145公克的苛性鈉。現在希望以240公克的紅棕櫚油做成肥皂，因此所需的苛性鈉的量是以下列公式算出：

0. 145g×240
＝34.8g

同樣的，如果以橄欖油240公克、椰子油120公克做成肥皂，所需的苛性鈉的量也是如下表來計算。

把配方份量的各種油做成肥皂時所需的苛性鈉的量

紅棕櫚油 (葫蘿蔔素)	0.145g×240＝34.8g
橄欖油	0.136g×240＝32.64g
椰子油	0.184g×120＝22.08g

把所有的油做成肥皂時，所需苛性鈉的量是各種油必要量的合計，因此計算如下。

34.8g
＋
32.64g
＋
22.08g
＝89.52g

不過如果是手工肥皂，並非要把所有的油做成肥皂，而是設法留下少量有益肌膚的油，來提高護膚效果。至於到底要留下多少份量的油，可依個人偏好的保濕程度來調節。

舉例來說，如果為了乾燥的季節或乾性肌膚而希望製作非常溫和、保濕效果大的肥皂，就把整體油的85％鹼化，其餘的15％以油的狀態保留下來。在這種情形下，「鹼化率」就是85％。

反之，如果是在溼氣多的季節或油性肌膚用，可把鹼化率提高到95％。亦即此時剩餘的油僅留下5％而已。

如果因材料的混合方法不均勻，而使鹼化很難順利進行，必須把鹼化率的上限控制在95％而非100％，以免未反應的苛性鈉變成肥皂而殘留下來、刺激皮膚。

現在因為是普通肌膚的保濕程度，故設定的鹼化率是90％，比較寬鬆。

如此一來，配方所需的苛性鈉的量，就是上面計算出來合計數字的90％的值。

89.52g×0.9
＝80.568g

小數點以下四捨五入，總之81公克是最後所需苛性鈉的量。

5 在材料中添加香味或顏色、效能，決定想要混合的材料

做為香味加入的香精油的量，是以油和水合計量的2%為上限。平均來說，油的體積是重量的約1.09倍，因此以600公克的1.09倍來計算就是654cc，再加上233cc，就是887cc的2%，亦即17.74cc為上限。

配合紅棕櫚油的溫暖橙色和葫蘿蔔素的香味，在此決定加入混合柑橘和檸檬的柑橘系香味。紅棕櫚油的天然葫蘿蔔素的香味也會很強，因此不必加入上限量的香精油。在此使用一半的1%量。這是因為只要加入混合柑橘和檸檬的香精油，就能做出真正水果香的香味。

香精油1滴是0.05cc，因此17.74cc的一半8.87cc是177.4滴，因此加入

表3　各種油脂的鹼化價及依此換算出來的苛性鈉的量

油脂名稱	鹼化價	苛性鈉換算值 (g)
椰子油	258	0.184
棕櫚核油	249	0.178
棕櫚油	203	0.145
可可油	201	0.143
shea butter	187	0.133
橄欖油	191	0.136
茶花油	193	0.138
甜杏仁油	194	0.138
＊杏核油	194	0.138
＊夏威夷堅果油	195	0.139
＊榛子油	188	0.134
＊酪梨油	192.6	0.137
蓖麻油	182	0.130
花生油	193	0.138
菜籽油	174	0.124
◎新菜籽油	187	0.133
葵花油	190	0.135
紅花油	190	0.135
芝麻油	191	0.136
米 (糠) 油	188	0.134
玉米 (胚芽) 油	193	0.138
小麥胚芽油	185	0.132
棉籽油	193	0.138
大豆油	192	0.137
葡萄籽油	188	0.134
核桃油	194	0.138
＊kukui nut油	190	0.135
月見草油	188	0.134
＊玫瑰花蕾油 (薔薇果)	190	0.135
荷荷巴油	92	0.066
蜜蠟	91	0.065
羊毛脂	104	0.074
＊貂油	200	0.143
馬油	200	0.143
＊蛋黃油	195	0.139
牛脂	196	0.140
豬脂	198	0.141
乳脂	196	0.140

參考『油脂化學便覽』，＊記號是引自『化妝品用油脂的科學』，◎記號是引自『食用油脂』。取各種油的平均數值來製作。

註一鹼化價依原料作物採收的地區或年份或精製方法而參差不齊，因此即使油的種類相同也不一定，例如椰子油的情形是245～271，以某範圍內來標示。於是本表是依據『油脂化學便覽』、『化妝品用油脂的科學』、『食用油脂』，取各種油脂的平均值來標示。

約180滴的香精油。也就是加入柑橘和檸檬各90滴。

此外，為了提高對傷口或粗糙肌膚效用的材料，決定加入蜂蜜。

以450公克到650公克的油製作的材料，要加2分之1大匙到2小匙的蜂蜜。因此在此加入2小匙的蜂蜜。因為是柑橘香味的肥皂，故如果混合柑橘花蜂蜜就更相得益彰。

如此完成的肥皂，不論是顏色、香味及用途，都會令人聯想到柑橘產地的佛羅里達州或西班牙亮麗的海邊陽光，因此命名為「陽光皂」，成為我家必備的肥皂。做為面皰或油性肌膚用的洗臉皂非常有效。

這種肥皂的變形，是把陽光皂的材料倒入模型後，放置1天就從模型取出，分切成小塊後，戴上橡皮手套一個個搓成球形，最後在頂端放上真的橘子蒂壓緊，就成了看起來、聞起來都和真橘子一樣的「橘子肥皂」。

以下整理出肥皂的配方（右）。當然並非一次就能做出恰到好處的配方。尤其有關油的比例，必須嘗試幾次後才能做到自己滿意的比例。在此是各使用一半比例的紅棕櫚油和橄欖油，但在決定這麼做之前，其實曾嘗試過2種不同的調配。

等到非常了解油的性質，能高明做出判斷後，一次就做出自己滿意肥皂的情形當然也會越來越多。因此不妨嘗試各種組合。

其次，請參照使用同種類的油，但不同調配的「胡蘿蔔素肥皂」的配方（右下）。

因為紅棕櫚油修復傷口或粗糙肌膚的效果非常卓越，因此想活用其效果而主要做為廚房用肥皂。

因為是廚房用而希望使用有香味的肥皂來除臭，但如果使用香精油，又因價格太貴而令人猶豫，有關這點，紅棕櫚油本來就有胡蘿蔔素清爽的紅蘿蔔香味，因此即使完全不添加香味，也能享受自然散發出來的香味。

此外，廚房用的固體肥皂，硬又不易溶化變形比較耐用且好用，因此把紅棕櫚油的調配提高到60％。自來水不是像海水般的硬水，因此把椰子油的調配降至18％，鹼化率則是90％。

陽光皂或橘子肥皂

紅棕櫚油 (蘿蔔素)	240g
橄欖油	240g
椰子油	120g
精製水	233g
苛性鈉	81g
柑橘花蜂蜜	2小匙弱
香精油	
甜柑橘	90滴
檸檬	90滴

胡蘿蔔素肥皂

紅棕櫚油 (胡蘿蔔素)	360g (整體油的60%)
橄欖油	132g (整體油的22%)
椰子油	108g (整體油的18%)
精製水	233g
苛性鈉	81g